AF411286

LA BIOSPHÈRE

LA BIOSPHÈRE

PAR

W. VERNADSKY

PARIS

LIBRAIRIE FÉLIX ALCAN

108, Boulevard Saint-Germain, 108

—

1929

PRÉFACE DE L'ÉDITION FRANÇAISE

Ce livre a paru en russe en 1926. La traduction française a été revue et, dans quelques-unes de ses parties, refondue, comparativement au texte russe.

Il fait suite à notre essai sur *la Géochimie*, publiée dans la même collection (1924), dont une traduction russe vient de paraître et dont une traduction allemande paraîtra bientôt.

Nous ne donnons presque pas d'indications bibliographiques. On les trouvera dans notre *Géochimie*.

Nous avons touché les mêmes problèmes dans plusieurs articles, dont les plus importants ont paru en français dans la *Revue générale des Sciences* (1922-1928) et dans les *Bulletins de l'Académie des Sciences de Leningrad* (Petersbourg) (1926-1927).

Le but de ce livre est d'attirer l'attention des naturalistes, des géologues, et surtout celle des biologistes sur l'importance de l'étude quantitative de la vie dans ses rapports indissolubles avec les phénomènes chimiques de la planète.

Nous avons tâché de rester constamment sur le terrain empirique, sans faire d'hypothèses, terrain encore bien restreint, en raison du petit nombre d'observations et d'expériences quantitatives précises dont on dispose. Il est essentiel à l'heure présente de rassembler dans le temps le plus court le plus grand nombre possible de faits empiriques exprimés quantitativement.

On ne saurait tarder à y réussir, dès que la haute

portée de la biosphère dans les phénomènes vitaux deviendra évidente.

Peut-être cet essai, dont l'objet est de mettre cette portée en lumière, ne passera-t-il pas inaperçu.

Je joins comme appendice à la traduction française mon discours — *L'évolution des espèces et la matière vivante* — qui me semble compléter les idées établies dans « la biosphère ».

Décembre 1928.

PRÉFACE DE L'ÉDITION RUSSE

Parmi les nombreux ouvrages géologiques il manquait une étude d'ensemble sur la biosphère, qui l'exposât comme un bloc intégral, comme la manifestation régulière du mécanisme de la planète, de sa région supérieure, l'écorce terrestre.

La soumission même de l'existence de la biosphère à des lois fixes n'est généralement pas prise en considération.

La vie sur la Terre est envisagée comme un phénomène accidentel, c'est ainsi que nos conceptions scientifiques méconnaissent l'action de la vie sur la marche des processus terrestres qui se manifestent à chaque pas : nous entendons la non-contingence du développement de la vie sur la Terre et la non-contingence de la formation, à la surface de la planète, et à la limite du milieu cosmique, d'une enveloppe spécifique pénétrée de vie, la biosphère.

Un tel état de connaissances géologiques est en rapport étroit avec la notion particulière, historiquement élaborée, qui envisage les phénomènes géologiques comme un ensemble de manifestations de causes insignifiantes, comme un *peloton d'accidents*. On perd la notion scientifique de phénomènes géologiques comme de *phénomènes planétaires*, dont les régularités ne sont pas propres à notre Terre seule ; la notion de la structure de la Terre comme d'un *mécanisme* dont les parties forment un ensemble harmonieux et dont les particularités doivent être étudiées en relation avec cette notion du mécanisme, c'est-à-dire comme d'un ensemble indivisible.

En géologie, ce sont les particularités seules des phénomènes se rapportant à la vie qui sont généralement étudiées. L'étude du *mécanisme* dont ils font partie n'est pas posée comme un problème scientifique. Dès lors et faute de la conscience de l'existence de ce problème, l'investigateur passe à côté de ces manifestations qui l'entourent sans les apercevoir.

Dans ces essais, l'auteur a tenté de considérer autrement l'importance géologique des phénomènes vitaux.

Il ne construit aucune hypothèse. Il tâche de demeurer sur un terrain solide et ferme, celui des généralisations empiriques. Se basant sur des faits précis et incontestables, il essaie d'exposer la manifestation géologique de la vie, de donner un tableau du processus planétaire qui se déroule autour de nous.

Il laisse cependant de côté *trois idées préconçues* dont la pénétration, historiquement établie dans la pensée géologique, lui semble en contradiction avec les généralisations empiriques de la science, ces acquisitions fondamentales du naturaliste.

L'une de ces idées, c'est la conception, dont il a été question plus haut, de phénomènes géologiques comme de *coïncidences accidentelles de causes*, aveugles par leur essence même, ou apparaissant telles, par suite de leur complexité et de leur pluralité, inaccessibles à la pensée scientifique de l'époque actuelle.

Cette idée préconçue, courante dans la science, est en relation partielle avec des concepts de l'univers philosophiques et religieux déterminés ; elle est généralement basée sur une analyse logique imparfaite des fondements des connaissances empiriques.

L'auteur suppose que les deux autres idées préconçues qui se sont glissées dans le travail géologique prennent racines dans des constructions étrangères aux principes empiriques de la science et y sont venues du dehors. D'une part *l'existence d'un commencement de la vie*, de sa genèse à une certaine étape du passé géologique de la Terre, est considérée comme logiquement nécessaire. Cette idée a pénétré dans la science sous forme de spéculations religieuses et philosophiques. D'autre part, la répercussion *des étapes prégéologiques de l'évolution de la planète*, dont l'état se distinguait nettement de celui actuellement soumis à l'investigation scientifique, sur les phénomènes géologiques, est considérée comme logiquement nécessaire. En particulier, on estime l'existence de l'étape de la terre ignée-liquide ou incandescente gazeuse comme absolument certaine. Ces notions ont pénétré dans la géologie quand on a conçu un domaine d'intuitions et de recherches philosophiques et surtout cosmogoniques.

L'auteur admet l'obligation d'accepter les conséquences logiques de ces idées pour illusoires, et considère leur application au travail géologique courant comme nuisible et dangereuse pour celui-ci.

Sans anticiper sur l'existence du *mécanisme de la planète* combinant les diverses parties de celle-ci en un ensemble indivisible, il tâche d'embrasser à ce point de vue tous les faits empiriques scientifiquement établis et perçoit la concordance parfaite de cette idée avec celle de la répercussion géologique de la vie. Il lui semble que l'existence du mécanisme planétaire comprenant la vie et en particulier la région de sa manifestation, la biosphère, comme sa partie intégrante, répond à toutes les données empiriques et découle nécessairement de son analyse scientifique.

N'acceptant pas la nécessité logique de l'admission d'un commencement de la vie et de la répercussion des étapes cosmiques de la planète sur les phénomènes géologiques, en particulier de l'existence d'un état antérieur igné-liquide ou gazeux, l'auteur les rejette du domaine de ses recherches. Ne découvrant ainsi aucune trace de leur manifestation dans les données empiriques accessibles à l'étude, il trouve possible de tenir ces notions pour des constructions inutiles, restreignant les limites des généralisations scientifiques solides et de valeur. En analysant désormais ces généralisations et la synthèse théorique liée à elles, il convient de renoncer à ces hypothèses philosophiques et cosmogoniques qui ne peuvent être fondées sur les faits. Il faut en chercher de nouvelles.

Les deux essais *La biosphère dans le Cosmos* et *Le domaine de la vie*, qui constituent ce volume sont indépendants l'un de l'autre, mais reliés par le point de vue commun exposé plus haut. La nécessité de leur élaboration est apparue à l'auteur lors des études sur les phénomènes de la vie dans la biosphère, qu'il poursuit depuis l'année 1917.

PREMIÈRE PARTIE

LA BIOSPHÈRE DANS LE COSMOS

I. — LA BIOSPHÈRE DANS LE MILIEU COSMIQUE. — La face de la Terre, son image dans le Cosmos, perçue du dehors, du lointain des espaces célestes infinis, nous paraît unique, spécifique, distincte des images de tous les autres corps célestes.

La face de la Terre révèle la surface de notre planète, *sa biosphère*, ses régions externes, régions qui la séparent du milieu cosmique. Cette face terrestre devient visible grâce aux rayons lumineux des astres célestes qui la pénètrent, du Soleil en premier lieu. Elle reçoit de tous les points des espaces célestes un nombre infini de rayonnements divers, dont les rayonnements lumineux visibles pour nous ne forment qu'une part insignifiante. Nous ne connaissons jusqu'à présent qu'un petit nombre des rayonnements invisibles. Nous commençons à peine à nous rendre compte de leur variété, à comprendre combien nos représentations du monde de ces rayonnements qui nous environnent, nous pénètrent dans la biosphère, sont défectueuses et incomplètes, à nous rendre compte de leur importance fondamentale dans les processus ambiants, importance presque insaisissable pour notre esprit habitué à d'autres tableaux de l'Univers.

Non seulement la biosphère, mais tout espace pouvant être embrassé par la pensée et lui étant accessible,

— I —

est pénétré par les rayonnements de ce milieu immatériel. Ces rayonnements, dont les ondes varient entre des dix millionièmes de millimètre et des longueurs exprimées en kilomètres, se propagent autour de nous, en dedans de nous, incessamment, partout et en tout lieu, ils s'entre-choquent, se succèdent, se rencontrent.

Tout l'espace en est rempli. Il est difficile et peut-être impossible de nous faire de ce milieu une image nette, *milieu cosmique de l'Univers*, dans lequel nous vivons, et où nous apprenons en perfectionnant nos méthodes d'investigation, à distinguer et à mesurer au même endroit et à un même instant des rayonnements toujours nouveaux.

L'alternance perpétuelle de ces rayonnements qui remplissent l'espace distingue nettement ce milieu cosmique dénué de matière, de l'espace idéal de la géométrie.

Ce sont des rayonnements de divers ordres. Ils révèlent les changements du milieu et la présence de corps matériels qui se trouvent dans ce milieu. Une partie de ces rayonnements se manifestent sous forme d'énergie, par la *transmission des états*. Mais, à côté de ces rayonnements un autre rayonnement s'effectue dans le même espace cosmique, qui se propage souvent, avec une vitesse du même ordre, *rayonnement des particules* qui se meuvent rapidement et dont les plus étudiées, outre les particules matérielles, sont les électrons, atomes d'électricité, éléments constitutifs de la matière et de l'atome.

Ce sont deux faces du même phénomène ; il existe des transitions. La transmission des états, c'est la manifestation du mouvement des ensembles, quanta, électrons, charges. Le mouvement de leurs éléments séparés est déterminé par leurs ensembles ; ils peuvent par eux-mêmes rester sur place.

Le rayonnement des particules est la manifestation

de la transmission des éléments séparés des ensembles. Ces particules ainsi que les rayonnements déterminés par la transmission des états peuvent passer à travers les corps matériels qui bâtissent l'Univers. Ces particules mobiles peuvent devenir des sources de modification des phénomènes que nous observons dans le milieu où ils pénètrent, sources de modifications aussi puissantes que les formes d'énergie.

2. — Nos connaissances à ce sujet laissent beaucoup à désirer, et nous pouvons pour le moment, ne pas tenir compte du rayonnement des particules dans le domaine des phénomènes géochimiques de la biossphère.

Mais nous devons, dans toutes nos constructions, prendre toujours, en considération les rayonnements des transmissions des états que nous considérons comme des formes d'énergie. Suivant la forme des rayonnements, en particulier suivant la longueur de leurs ondes, ces rayonnements se manifesteront soit comme lumière, soit comme chaleur ou électricité, et transformeront de diverses façons le milieu matériel, notre planète et les corps dont elle est composée.

En prenant l'étude de la longueur de l'onde pour point de départ on découvre une immense région de ces rayonnements. Cette région embrasse actuellement quelque 40 octaves. Nous pouvons nous faire une exacte idée de ce nombre en remarquant que la partie visible du spectre solaire ne forme qu'une seule octave.

Il est évident que cette conception ne permet pas encore d'embrasser l'univers entier, de connaître toutes ces octaves. Mais par la marche de la création scientifique, la région des rayonnements devient toujours plus étendue. Or, jusqu'à présent, seul un petit nombre de ces 40 octaves, dont l'existence est indubitable, a pénétré notre pensée, nos représentations scientifiques habituelles du Cosmos.

Les rayonnements cosmiques interceptés par notre planète (qui, nous le verrons, créent sa biosphère), ne correspondent qu'à 4 octaves 1/2 des 40 octaves connues. L'absence des autres octaves dans l'espace mondial paraît absolument improbable ; nous la considérons comme illusoire et l'expliquons par l'absorption des rayonnements dans le milieu matériel raréfié des hautes régions de l'atmosphère terrestre.

On distingue pour les rayonnements cosmiques les plus connus, ceux du Soleil, une octave de rayonnements lumineux, 3 octaves de rayonnements thermiques et une demi-octave de rayonnements ultra-violets. Il paraît indubitable que cette dernière demi-octave est un petit reste des rayonnements non retenus par la stratosphère (§ 115).

3. — Les rayonnements cosmiques déversent éternellement sur la face de la Terre un puissant courant de forces, qui prête un caractère complètement nouveau et particulier aux parties de la planète qui confinent à l'espace cosmique.

La structure de la biosphère reçoit par suite de ces rayonnements cosmiques, des propriétés nouvelles, singulières, inconnues pour la matière terrestre. La face de la Terre qui lui correspond dans le milieu cosmique y révèle un tableau nouveau de la surface terrestre, surface transformée par les forces cosmiques.

La matière de la biosphère pénétrée de l'énergie communiquée, *devient active* : elle amasse et distribue dans la biosphère l'énergie reçue sous forme de rayonnements, et finit par la transformer en énergie libre, capable d'effectuer du travail dans le milieu terrestre.

Ainsi, cette couche terrestre extérieure ne doit pas

être considérée comme le domaine de la matière seule ; c'est une région d'énergie, une source de la transformation de la planète par des forces cosmiques extérieures.

Ces forces transforment la face de la Terre ; dans une large mesure elles la moulent. Cette face n'est pas seulement le reflet de notre planète, la manifestation de sa matière et de son énergie : elle est en même temps une création des forces extérieures du Cosmos.

En raison de ce fait, l'histoire de la biosphère, se distingue nettement de celle des autres parties de la planète et son rôle dans le mécanisme de celle-ci est absolument exceptionnel.

La biosphère est tout autant (sinon davantage) *la création du Soleil* que la manifestation de processus terrestres. Les intuitions religieuses antiques de l'humanité qui considéraient les créatures terrestres, en particulier les hommes, comme des *enfants du soleil* étaient bien plus proches de la vérité que ne le pensent ceux qui voient seulement dans les êtres terrestres la création éphémère, le jeu aveugle et accidentel de la modification de la matière et des forces terrestres.

Les créatures terrestres sont le fruit d'un processus cosmique long et compliqué, et forment une partie nécessaire, soumise à des lois déterminées, d'un mécanisme cosmique harmonieux dans lequel, nous le savons, il n'existe pas de hasard.

4. — C'est la conclusion à laquelle nous amènent aussi nos représentations de la *matière*, dont la biosphère est construite, représentations qui, ces dernières années, se modifient profondément. En les prenant pour base, nous sommes obligés d'y voir la manifestation du mécanisme cosmique.

Ce n'est nullement là une conséquence du fait,

qu'une partie de la matière de la biosphère, peut-être la plus grande, d'origine non terrestre y ait pénétrée du dehors, des espaces cosmiques. Car cette matière étrangère, poussière cosmique et météorites, est impossible à distinguer dans sa structure interne, de celle de la matière terrestre.

Le caractère imprévu de la matière terrestre, que nous commençons à découvrir, demeure en beaucoup de points obscur et incompréhensible. Nous n'en avons pas encore de notion nette et entière ; cependant nos notions subissent à ce sujet de si grandes transformations et bouleversent tellement toute notre compréhension des phénomènes géologiques qu'il est absolument nécessaire de nous y arrêter, en abordant ce domaine des phénomènes terrestres.

Il est certain que l'identité de structure de la matière cosmique qui parvient jusqu'à nous, avec celle de la terre, n'est pas réduite aux limites de la biosphère, mince couche extérieure de la planète. Cette structure est identique dans toute l'écorce terrestre, dans l'enveloppe de la lithosphère, dont l'épaisseur atteint 60 kilomètres, et dont la partie supérieure — la biosphère — se confond avec elle d'une façon indissoluble et graduelle (§ 89).

Il est certain que la matière des parties plus profondes de la planète se distingue aussi par le même caractère, bien que sa composition chimique soit différente. Elle ne semble cependant jamais pénétrer en masses tant soit peu considérables jusqu'à l'écorce terrestre. C'est pourquoi on peut la négliger en étudiant les phénomènes observés dans la biosphère.

5. — On a longtemps considéré comme un fait indubitable que la composition chimique de l'écorce terrestre était déterminée par des causes purement géologiques, qu'elle était le résultat de l'action réci-

proque de nombreux et divers phénomènes géologiques, les uns grandioses, les autres insignifiants.

On cherchait à expliquer cette composition par l'action réunie des phénomènes géologiques que nous observons encore actuellement dans le milieu ambiant, par l'action chimique et dissolvante des eaux, de l'atmosphère, des organismes, des éruptions volcaniques, etc. L'écorce terrestre paraissait devoir sa composition chimique actuelle, quantitative et qualitative, à l'action réunie de processus géologiques immuables durant tous les temps géologiques, jointe à l'immuabilité des propriétés des éléments chimiques dans tout le cours de ces temps.

Une telle explication présentait de nombreuses difficultés ; en même temps qu'elle, se répandaient des idées plus compliquées encore de modifications imprimées à la composition de l'écorce à travers ces mêmes temps par divers phénomènes géologiques. On tenta de considérer cette composition comme un reste des anciennes périodes de l'histoire de la Terre, dissemblables de celles d'aujourd'hui ; on commença à tenir l'écorce terrestre pour une scorie transformée de la masse jadis fondue de notre planète, scorie formée à la surface terrestre conformément aux lois de la distribution des éléments chimiques auxquelles ces masses fondues sont soumises, quand elles commencent à se consolider par suite de la baisse de la température. Pour expliquer la prédominance d'éléments chimiques comparativement légers dans l'écorce, on se référait à ces périodes encore plus anciennes de l'histoire de la Terre, antérieures à la formation de l'écorce terrestre, aux périodes cosmiques, et on estimait qu'à ce temps de la formation de la masse fondue de la Terre, issue d'une nébuleuse, les éléments chimiques plus lourds s'amassaient près du centre.

Dans toutes ces représentations, on rattache la

composition de l'écorce terrestre à des phénomènes géologiques. Les éléments chimiques y prennent part par leurs propriétés chimiques lorsqu'ils peuvent donner des composés ; par leur poids atomique à des températures élevées lorsque tous les composés deviennent instables.

6. — On commence à établir actuellement des lois concernant la composition chimique de l'écorce terrestre qui sont en contradiction flagrante avec ces explications. En même temps l'aperçu général de la composition chimique de tous les autres astres découvre une complexité, une diversité et une régularité de cette composition dont on ne se doutait même pas jadis.

Nous trouvons dans la composition de notre planète, de l'écorce terrestre en particulier, des indications sur l'existence de phénomènes qui dépassent de beaucoup ses limites. Pour les saisir, il faut s'éloigner du domaine des phénomènes terrestres, même planétaires, et diriger nos regards sur la composition de toute la matière cosmique, sur ses atomes, sur leur modification dans les processus cosmiques. Diverses indications, à peine effleurées par la pensée théorique, s'accumulent rapidement dans cette région de l'esprit. On ne fait que commencer à se rendre compte de leur importance. Il n'est pas toujours possible de les formuler avec netteté et précision, et l'on n'en tire habituellement pas les déductions qu'elles comportent.

Mais on ne saurait méconnaître l'immense importance de ces phénomènes. Il faut apprécier les conséquences inattendues découlant de ces nouveaux faits. Nous pouvons dès maintenant nous arrêter sur trois ordres de ces phénomènes : 1º la situation particulière que les éléments chimiques de l'écorce terrestre occupent dans le système périodique de

Mendeleeff ; 2° leur complexité ; 3° le manque d'uniformité de leur distribution.

Ainsi, tout d'abord, les éléments chimiques qui correspondent aux nombres atomiques pairs, dominent nettement dans la matière de l'écorce terrestre (M. Oddo, 1914). Nous ne pouvons expliquer ce phénomène par des causes géologiques connues. En outre, il est de suite devenu clair que le même phénomène est exprimé plus nettement encore, pour les seuls corps cosmiques étrangers à la Terre accessibles à une étude scientifique immédiate, les météorites (M. Harkins, 1917).

Les deux autres ordres de faits sont peut-être plus obscurs encore. Les efforts accomplis pour les expliquer par des phénomènes géologiques (J. Thomson, 1921) sont en contradiction avec les faits établis. Nous ne pouvons comprendre l'immuable complexité des éléments chimiques terrestres, les relations déterminées et constantes qui existent en plus de la quantité des isotopes qui en font partie. L'étude des isotopes dans les éléments chimiques des météorites a démontré l'identité de leur mélange dans ces corps, corps absolument différents de ceux de la Terre par leur histoire et leur situation dans le Cosmos.

L'impossibilité d'expliquer la composition de l'écorce terrestre et de notre planète, composition soumise à des lois fixes, par des phénomènes géologiques, par les stades cosmiques de son histoire, ainsi qu'on l'avait cru jadis, devint évidente. Ces phénomènes n'expliquent ni la ressemblance de ces parties plus profondes avec la composition des météorites, ni la prédominance relative qu'on y observe d'éléments chimiques plus légers et de fer comparativement lourd en même temps. L'hypothèse que les éléments se distribueraient selon leur poids — les plus lourds étant plus près du centre, lors de la formation de la Terre à partir de la nébuleuse — ne correspond pas aux faits.

Ce n'est pas dans les phénomènes géologiques ou chimiques seuls, ce n'est pas dans l'histoire de la Terre seule, que doit être cherchée cette explication.

Les racines du phénomène sont plus profondes : il faut les chercher dans l'histoire du Cosmos, peut-être dans la structure des éléments chimiques.

Cette manière de voir vient d'être confirmée d'une façon nouvelle et inattendue par la découverte de l'analogie de composition des parties extérieures de la Terre (c'est-à-dire de l'écorce terrestre) et de celle du Soleil et des étoiles. Déjà, en 1914, M. Russel avait noté la ressemblance de composition de l'écorce terrestre et du Soleil (c'est-à-dire de ses parties extérieures, accessibles à notre étude). Ces rapports se manifestent d'une façon encore plus marquée dans les derniers travaux sur le spectre des étoiles. Les recherches de Mlle C. Payne (1925) donnent le tableau suivant de la succession des éléments chimiques stellaires en ordre décroissant :

Si — Na — Mg — Al — C — Ca — Fe
(plus de 1 pour 100 ; première décade) ;
Zn — Ti — Mn — Cr — K
(plus de 0,1 pour 100 ; seconde décade).

Une ressemblance nette s'y manifeste avec la succession, soumise au même ordre, des éléments chimiques de l'écorce terrestre :

O, Si, Al, Fe, Ca, Na, K, Mg.

Ces travaux sont les premiers résultats obtenus dans un nouveau domaine étendu de phénomènes, mais nous ne pouvons dorénavant fermer les yeux et ignorer le fait, que ces premiers résultats accentuent plus nettement encore la ressemblance observée dans la composition des couches extérieures de corps célestes profondément différents, la Terre, le Soleil, les étoiles.

Les parties extérieures des corps célestes se trouvent en rapports immédiats avec le milieu cosmique et exercent par leur rayonnement une action réciproque les uns sur les autres.

On doit peut-être chercher l'explication de ce phénomène dans l'échange matériel qui se produit entre ces corps et qui semble exister dans le Cosmos.

Les parties plus profondes des corps cosmiques paraissent offrir un autre tableau. La composition des météorites et des masses internes de la Terre se distingue nettement de celle des enveloppes terrestres extérieures.

7. — Ainsi notre représentation de la composition de notre planète et en particulier de la composition de l'écorce terrestre et de son enveloppe extérieure, la biosphère, subit un changement brusque. Nous commençons à y percevoir, non pas un phénomène planétaire ou terrestre seul, mais la manifestation de la structure des atomes et de leur situation dans le Cosmos, de leur évolution à travers l'histoire de ce dernier.

Si même nous ne pouvons expliquer ces phénomènes, nous avons trouvé le chemin pour y arriver; nous avons ainsi atteint un nouveau domaine de phénomènes, différent de celui auquel nous nous sommes efforcés pendant si longtemps de rattacher la chimie terrestre.

Nous savons *où* nous devons chercher la solution du problème qui nous est posé et *où* cette recherche serait inutile. Notre compréhension des faits observés change d'une façon radicale.

C'est dans la pellicule supérieure superficielle de notre planète que nous devons chercher le reflet, non seulement de phénomènes géologiques isolés et accidentels, mais la manifestation de la structure du Cosmos, liée à la structure et à l'histoire des atomes, des éléments chimiques en général.

Les seuls phénomènes qui ont lieu dans la biosphère ne peuvent donner une représentation de cette dernière, si l'on ne tient pas compte du lien évident qui l'unit à la structure de tout le mécanisme cosmique.

Nous pouvons établir ce lien dans les faits nombreux de son histoire.

8. — LA BIOSPHÈRE COMME RÉGION DES TRANSFORMATIONS DE L'ÉNERGIE COSMIQUE. — La biosphère peut, de par son essence, être considérée comme une région de l'écorce terrestre, occupée par des transformateurs qui changent les rayonnements cosmiques en énergie terrestre active, énergie électrique, chimique, mécanique, thermique, etc. Les rayonnements cosmiques qui jaillissent de tous les astres célestes embrassent la biosphère, la pénètrent toute, ainsi que tout ce qui se trouve en elle. Nous ne saisissons et ne percevons qu'une partie insignifiante de ces rayonnements, et, parmi ces derniers, presque exclusivement les rayons solaires.

Mais l'existence d'ondes qui parcourent d'autres voies, qui prennent naissance dans les espaces les plus éloignés du Cosmos est indubitable. Ces ondes pénètrent notre planète. Les étoiles et les nébuleuses émettent continuellement des rayonnements spécifiques. Tout nous fait croire que les rayons pénétrants découverts par M. Hess dans les hautes régions de l'atmosphère, prennent leur origine au delà des limites du système solaire. On cherche cette origine dans la voie lactée, dans les nébuleuses, dans les étoiles du type de Mira Ceti.

L'évaluation de leur importance appartient à l'avenir. Il est toutefois certain que ce ne sont pas eux, mais les rayons du Soleil qui déterminent les traits principaux du mécanisme de la biosphère.

L'étude de l'action des radiations solaires sur les processus terrestres nous permet déjà d'envisager la *biosphère* en première approximation, d'une manière scientifiquement précise et profonde, comme *un mécanisme à la fois terrestre et cosmique*. Le Soleil a complètement transformé la face de la Terre, transpercé et pénétré la biosphère. Dans une large mesure, la biosphère est la manifestation de ses rayonnements ; c'est un mécanisme planétaire qui convertit ceux-ci en des formes nouvelles et variées d'énergie terrestre libre, énergie qui change entièrement l'histoire, ainsi que la destinée de notre planète.

Nous nous rendons déjà compte du rôle important que jouent dans la biosphère les courtes ondes ultra-violettes de la radiation solaire, ainsi que du rôle des longues ondes rouges thermiques et des ondes intermédiaires du spectre lumineux visible. Nous pouvons déjà d'autre part, dégager dans la structure de la biosphère les parties qui remplissent le rôle de transformateurs vis-à-vis de ces trois systèmes distincts de vibrations solaires.

Ce n'est que peu à peu, et difficilement, que notre esprit commence à dominer le mécanisme de la transformation de l'énergie solaire en forces terrestres dans la biosphère. Les phénomènes par lesquels ce mécanisme se manifeste et que nous sommes habitués à considérer sous un autre aspect, sont dissimulés à nos yeux par la variété infinie de couleurs, de formes, de mouvements propres à la nature, dont nous-mêmes formons, par notre vie, une partie intégrante.

Il a fallu des milliers de siècles pour que la pensée de l'homme ait pu dégager les lignes d'un mécanisme unique et fini sous l'apparence chaotique du tableau de la nature.

9. — La transformation des trois systèmes des radiations solaires en énergie terrestre s'effectue en partie dans les mêmes régions de la biosphère, dont quelques-unes se font cependant remarquer par la prédominance des transformations d'une espèce de rayonnements déterminés. Les appareils de transformation sont toujours des corps naturels absolument distincts pour les ondes solaires ultra-violettes, lumineuses et thermiques.

Certains de ces *courts rayonnements solaires ultra-violets* sont entièrement absorbés, d'autres le sont en grande partie dans les régions raréfiées supérieures de l'enveloppe terrestre gazeuse — dans la *stratosphère*, et peut-être dans « l'atmosphère libre » encore plus haute et plus pauvre en atomes.

Cet arrêt des courtes ondes par l'atmosphère, cette « absorption », se trouve en rapport avec la transformation de leur énergie. Sous l'action des rayonnements ultra-violets, on observe dans ces hautes régions des changements dans les champs électro-magnétiques, des décompositions de molécules, divers phénomènes d'ionisation, des créations nouvelles de molécules gazeuses, de nouveaux composés chimiques. L'énergie rayonnante se transforme d'une part en diverses formes de manifestations électriques et magnétiques, d'autre part en de singuliers processus chimiques, moléculaires et atomiques, propres aux états gazeux raréfiés de la matière, processus qui se rattachent à cette énergie. Ces régions et ces corps se manifestent à nos regards sous l'aspect d'aurores boréales, de fulgurations, de lumière zodiacale, de lueurs de la voûte céleste, lueurs visibles seulement dans les nuits obscures, bien qu'elles forment l'éclairage principal du ciel nocturne ; sous forme de nuages lumineux et d'autres divers reflets de la stratosphère et des cadres extérieurs de la planète dans le tableau de notre monde terrestre visible. Nos instruments découvrent ce monde mystérieux de phénomènes, avec leur mouvement incessant et leur variété qui dépasse l'imagination, dans leurs reflets électriques, magnétiques, radioactifs, chimiques et spectroscopiques.

Ces phénomènes ne sont pas le résultat de la modification du milieu terrestre par les rayons ultra-violets solaires seuls. Nous devons ici tenir compte d'un processus plus compliqué. Toutes les formes de l'énergie radiante du Soleil, en dehors des quatre octaves et demie qui pénètrent la biosphère (§ 2), y sont « retenues », c'est-à-dire transformées en nouveaux phénomènes, déjà terrestres. Il est douteux que ces limites soient dépassées par les nouvelles sources d'énergie, c'est-à-dire par les torrents puissants des particules, les électrons perpétuellement émis par le Soleil, ainsi que par les particules matérielles, poussière cosmique et corps gazeux, attirés avec la même continuité par les forces de la gravitation terrestre.

Le rôle important que ces phénomènes jouent dans l'histoire de notre planète commence peu à peu à pénétrer dans la conscience générale. Ainsi leur importance est devenue indubitable pour une autre forme de transformation de l'énergie cosmique, la région de la matière vivante. Il existe des rayonnements absolument funestes pour la vie dans toutes ses manifestations. Les radiations dont la longueur correspond à l'intervalle 180-200 $\mu\mu$, détruisent tous les organismes. Les ondes plus longues ou plus courtes sont inoffensives. La stratosphère retient intégralement les courtes ondes destructives, et de ce fait, protège les couches inférieures de la surface terrestre, région de la vie.

Il est très caractéristique que l'absorption principale de ces rayons est liée à l'ozone (écran ozoné, § 115), dont la formation est déterminée par l'existence de l'oxygène libre, produit de la vie.

10. — Tandis qu'on commence à peine à se rendre compte de l'importance de la transformation des rayons ultra-violets, le rôle de la chaleur solaire, principalement des rayonnements infra-rouges, est depuis longtemps reconnu. Ce rôle attire surtout l'attention lorsqu'on étudie l'influence du Soleil sur les processus géologiques et même géochimiques. L'importance de la chaleur solaire radiante pour l'existence de la vie est claire et incontestable. La transformation de l'énergie thermique radiante du Soleil en énergie mécanique, moléculaire (évaporation, etc.), chimique, est également indubitable.

Nous pouvons observer ces transformations à chaque pas, elles ne demandent aucun commentaire, elles se manifestent dans la vie des organismes, dans le mouvement et l'activité des vents ou des courants marins, dans la vague marine et le ressac, dans la destruction des rochers et l'activité des glaciers, dans le mouvement des rivières et leur formation, et dans le travail colossal des dépôts de neige et de pluie.

On se rend habituellement moins compte du rôle d'accumulateur et de distributeur de la chaleur que jouent les parties liquides et gazeuses de la biosphère ; leur rôle dans la transformation de l'énergie radiante et thermique du Soleil. Ce travail est produit par l'atmosphère, l'océan, les lacs, les fleuves, les pluies et neiges. L'Océan mondial, en raison des propriétés thermiques de l'eau, propriétés spécifiques spéciales, probablement déterminées par le caractère des molécules, remplit le rôle de régulateur de chaleur, rôle important qui se fait sentir à chaque pas dans les phénomènes innombrables du climat et des saisons et des processus de la vie et de l'altération superficielle qui s'y rattachent.

L'Océan se réchauffe vite par suite de sa grande chaleur spécifique, mais ne restitue que lentement la chaleur accumulée en raison de sa faible conductibilité thermique. Il transforme la chaleur rayonnante absorbée, en énergie moléculaire par l'évaporation; en énergie chimique par la matière vivante dont il est pénétré; en énergie mécanique par ses brisants et ses courants marins. Le rôle thermique des fleuves, des météores, des masses aériennes, de leur réchauffement et de leur refroidissement est d'un ressort et d'une échelle analogues.

11. — Les rayons ultra-violets et infra-rouges n'exercent qu'une action indirecte sur les processus chimiques de la biosphère. Ce n'est pas en eux que résident les sources essentielles de son énergie. C'est l'ensemble des organismes vivants de la Terre, *la matière vivante*, qui transforme l'énergie rayonnante du Soleil en énergie chimique de la biosphère (dans sa forme active). La matière vivante crée dans la biosphère, par la photosynthèse, par le rayon solaire, un nombre infini de nouveaux composés chimiques, des millions de différentes combinaisons d'atomes. La matière vivante recouvre incessamment la biosphère avec une vitesse inconcevable d'une épaisse couche de systèmes moléculaires nouveaux, donnant facilement de nouveaux composés, riches en énergie libre dans le champ thermodynamique de la biosphère; ces composés sont instables et se convertissent sans cesse en nouvelles formes d'équilibre stable.

Ce mode de transformateurs est un mécanisme absolument particulier en comparaison des corps terrestres, champs de la transmutation des courtes et longues ondes de la radiation solaire. Nous expliquons la transformation des rayons ultra-violets par leur action sur la matière, sur les systèmes atomiques formés indépendamment des rayons ultra-violets; en ce qui concerne les transformations des rayonnements thermiques, nous les rattachons aux constructions moléculaires, créées en dehors de leur influence immédiate. Mais la photosynthèse, telle qu'elle se fait connaître dans la biosphère, est liée à des mécanismes particuliers compliqués, *créés par la photosynthèse elle-même*. Cependant cette photosynthèse ne peut fonctionner que moyennant la manifestation et la transformation simultanées dans le milieu ambiant des rayonnements ultra-violets et infra-rouges du Soleil en énergie terrestre active.

Les organismes vivants, mécanismes transformateurs d'énergie, sont des formations d'une espèce particulière nettement distinctes de tous les systèmes atomiques, ioniques ou moléculaires, qui bâtissent la matière de l'écorce terrestre hors de la biosphère, ainsi qu'une partie de la matière de la biosphère.

Les structures des organismes vivants sont analogues à celles de la matière brute, bien que plus compliquées. Mais en raison des changements que les organismes vivants effectuent dans les processus chimiques de la biosphère, on ne peut les considérer comme de simples ensembles de ces structures. Leur caractère énergétique, tel qu'il se manifeste dans leur multiplication, ne peut être comparé au point de vue géochimique aux structures inertes qui bâtissent la matière brute, ainsi que la matière vivante.

Le mécanisme de l'action chimique de la matière vivante nous est inconnu. Il semble cependant qu'on commence à se rendre compte du fait que la photosynthèse, au point de vue des phénomènes énergétiques, s'effectue dans la matière vivante non seulement en un milieu chimique particulier, mais aussi dans un champ thermodynamique particulier, distinct de celui de la biosphère. Les composés qui étaient stables dans le champ thermodynamique de la matière vivante, deviennent instables lorsqu'ils pénètrent, après la mort de l'organisme, dans le champ thermodynamique de la biosphère, où ils forment une source d'énergie libre (1).

12. — GÉNÉRALISATION EMPIRIQUE ET HYPOTHÈSE. — Il semble qu'une telle compréhension des phénomènes énergétiques de la vie, en tant qu'ils se manifestent dans les processus géochimiques, donne une expression à peu près juste des faits observés. Mais on ne saurait l'affirmer en raison de l'état particulier de nos connaissances dans le domaine des sciences biologiques par comparaison avec celui des sciences relatives à la matière brute.

Nous savons qu'on a dû également renoncer, dans ces dernières sciences, aux anciennes idées de la biosphère et de la composition de l'écorce terrestre, considérées comme justes, pendant de longues générations; on a dû rejeter les explications de nature purement géologique, longtemps dominantes (§ 6).

Ce qu'on avait tenu pour logiquement et scientifiquement nécessaire était en fin de compte une illusion, et le phénomène est apparu sous un aspect inattendu pour tous.

Dans le domaine de l'étude de la vie, la situation est encore plus difficile, car il est douteux qu'il existe un autre domaine des sciences naturelles où les principes fondamentaux mêmes, fussent autant pénétrés de constructions philosophiques et religieuses, étrangères à la science par leur genèse même. Les recherches et les acquisitions de la philosophie et de la religion se font sentir à chaque pas dans nos idées sur l'organisme vivant. Tous les jugements des naturalistes les plus exacts ont au cours des siècles, subi dans ce domaine,

(1) Le domaine des phénomènes dans l'intérieur de l'organisme (« le champ de la matière vivante ») se distingue aux points de vue thermodynamique et chimique du « champ » de la biosphère.

l'influence de cet embrassement du Cosmos par des conceptions de la pensée humaine qui, d'une nature parfois étrangère à la science, n'en sont pas moins précieuses et profondes par leur essence. Une grande difficulté s'en est suivie de maintenir dans ce domaine de phénomènes les procédés d'investigation scientifique pratiqués dans les autres domaines.

13. — Les deux représentations dominantes de la vie, vitaliste et matérialiste, sont aussi les reflets d'idées philosophiques et religieuses de ce genre et non de déductions tirées de faits scientifiques. Ces deux représentations entravent l'étude des phénomènes vitaux, et troublent les généralisations empiriques.

Les représentations vitalistes donnent aux phénomènes vitaux des explications étrangères au monde des modèles sous la forme desquels nous élevons par généralisation scientifique l'édifice du Cosmos. Le caractère de ces représentations enlève leur portée créatrice dans le domaine scientifique, et les rend infructueuses. Les représentations matérialistes qui ne saisissent dans les organismes vivants qu'un simple jeu des forces physico-chimiques, ne sont pas moins funestes. Elles restreignent le domaine de la recherche scientifique en empiétant sur son résultat final ; en y introduisant la divination, elles obscurcissent la compréhension scientifique. En cas de divination heureuse, l'élaboration scientifique se serait vite débarrassée de tous les obstacles. Mais la divination était liée trop étroitement à des constructions philosophiques abstraites, étrangères à la réalité qu'étudiait la science. Ces constructions amenaient à des représentations de la vie trop simpliste et détruisaient la notion de complexité des phénomènes. Cette divination n'a, jusqu'à présent pas avancé notre compréhension de la vie.

Aussi nous considérons comme fondée la tendance toujours plus dominante des recherches scientifiques à renoncer à ces deux types d'explication de la vie ; à étudier ses phénomènes par des procédés purement empiriques ; à se rendre compte de l'impossibilité d'expliquer la vie, c'est-à-dire de lui assigner une place dans notre Cosmos abstrait, édifice scientifiquement composé de modèles et d'hypothèses.

On ne peut actuellement aborder avec quelque garantie de succès les phénomènes de la vie que d'une façon empirique, sans tenir compte des hypothèses. C'est la seule voie pour découvrir des traits nouveaux en ces phénomènes, traits qui élargiront le domaine des forces physico-chimiques actuellement connues, ou y introduiront (de front avec les principes constructeurs de notre univers scientifique) un principe ou un axiome nouveau, une nouvelle notion, qui ne peuvent être ni entièrement prouvés, ni déduits des axiomes et des principes connus. C'est alors qu'il sera possible en se basant sur des hypothèses nouvelles, de relier ces phénomènes à nos constructions du Cosmos, comme la radioactivité avait relié ces dernières au monde des atomes.

14. — L'organisme vivant de la biosphère doit actuellement être étudié de manière empirique, comme un corps particulier impossible à réduire en entier aux systèmes physico-chimiques connus. La science ne peut à ce sujet rien affirmer pour l'avenir, mais la chose ne paraît pas impossible. En étudiant empiriquement les phénomènes naturels, nous ne devons pas oublier une autre possibilité : ce problème posé par tant de savants dans la science est peut-être une illusion pure. Des doutes analogues s'élèvent pour nous maintes fois dans le domaine de la biologie.

Dans les sciences géologiques plus encore que dans la

biologie, on doit rester sur un terrain purement empirique et éviter les représentations matérialistes et vitalistes.

Dans l'une de ces sciences, la géochimie, on se heurte à chaque pas à des phénomènes de la vie. Ici, les organismes sous forme de leurs ensembles, les **matières vivantes**, en sont les agents principaux.

La matière vivante prête à la biosphère un aspect absolument extraordinaire, jusqu'à présent unique dans l'univers. La distinction s'y impose de deux types de matière, *brute et vivante*, qui exercent une influence réciproque l'une sur l'autre, mais que certains traits essentiels de leur histoire géologique séparent par un abîme infranchissable. Il a toujours été hors de doute que ces deux différents types de matière de la biosphère appartiennent à des catégories de phénomènes divers qui ne peuvent être réduites à une seule.

L'existence d'une différence fondamentale (qui paraît immuable) entre la matière vivante et la matière brute, peut être considérée comme un axiome, qui un jour sera peut-être effectivement établi (1). Nous ne pouvons l'affirmer à l'heure actuelle, mais il est certain que ce principe doit être considéré comme une des plus grandes généralisations des sciences naturelles.

On perd souvent de vue la portée d'une telle généralisation, comme la portée de généralisations empiriques dans la science en général et, on les identifie, par routine et sous l'influence de constructions philosophiques avec les hypothèses scientifiques. Lorsque l'on s'occupe des phénomènes de la vie, il est surtout nécessaire d'éviter cette habitude pernicieuse et enracinée.

---

(1) Le changement qui s'opère actuellement dans nos idées à propos des axiomes mathématiques doit avoir une répercussion sur l'interprétation des axiomes des sciences naturelles, axiomes moins approfondies par la pensée philosophique critique.

15. — Il existe une énorme différence entre les généralisations empiriques et les hypothèses scientifiques ; l'exactitude de leurs déductions est loin d'être identique.

Dans les deux cas, généralisations empiriques et hypothèses scientifiques — nous nous servons de la déduction pour arriver à des conclusions, que nous vérifions par l'étude des phénomènes réels. Dans une science de caractère historique comme la géologie, on procède à cette vérification par l'observation scientifique.

La différence entre les deux cas tient à ce que la généralisation empirique s'appuie sur des faits amassés par voie inductive : *cette généralisation ne dépasse pas les limites des faits et ne se soucie pas de l'existence ou de la non-existence d'un accord entre la conclusion tirée et nos représentations de la Nature.* Sous ce rapport, il n'existe pas de différence entre la généralisation empirique et le fait établi scientifiquement : leur concordance avec nos représentations scientifiques de la Nature ne nous intéresse pas, mais leur contradiction avec elles constituerait *une découverte scientifique.*

Bien que certains caractères des phénomènes étudiés ressortent au premier rang dans les généralisations empiriques, l'influence de tous les autres caractères du phénomène se fait toujours infailliblement sentir.

La généralisation empirique peut faire longtemps partie de la science, sans pouvoir être expliquée par aucune hypothèse, demeurer incompréhensible, et exercer pourtant une influence immense et bienfaisante sur la compréhension des phénomènes de la Nature.

Mais ensuite arrive un moment où une lumière nouvelle éclaire soudain cette généralisation ; elle devient le domaine de créations d'hypothèses scientifiques.

commence à transformer nos schémas de l'Univers et à subir à son tour des changements. Souvent alors, on constate que la généralisation empirique ne contenait pas en réalité ce que nous avions supposé ou que son contenu était bien plus riche. Un exemple frappant en est l'histoire de la grande généralisation de D. J. Mendeleef (1869), du système périodique des éléments chimiques, qui, après 1915, année de la découverte de J. Moseley, est devenue un champ étendu de l'activité des hypothèses scientifiques.

16. — L'hypothèse ou la construction théorique est bâtie d'une façon absolument différente. On n'y prend en considération qu'une seule ou qu'un petit nombre des propriétés essentielles du phénomène sans tenir compte du reste, et on édifie la représentation du phénomène sur cette base seule. L'hypothèse scientifique dépasse toujours — souvent considérablement — les bornes des faits qui lui ont servi de base ; dès lors, elle est obligée, pour obtenir la solidité nécessaire, de se rattacher autant que possible, à toutes les constructions théoriques dominantes de la Nature, et de *ne pas les contredire.*

17. — *La généralisation empirique n'exige donc point de vérification après qu'elle a été déduite des faits avec exactitude.* Notre exposé ultérieur n'est basé que sur de semblables généralisations empiriques, appuyées sur l'ensemble des faits connus et non sur des hypothèses et des théories. Voici les principes auxquels nous faisons appel :

1° Pendant toutes les périodes géologiques il n'a jamais existé, et il n'existe pas à l'heure actuelle, de traces d'abiogenèse (c'est-à-dire de création immédiate d'un organisme vivant partant de la matière brute) ;

2º On n'a jamais observé dans le cours des temps géologiques de périodes géologiques azoïques (c'est-à-dire dénuées de vie) ;

3º Il s'en suit : *a*) que la matière vivante contemporaine est rattachée par un lien génétique à la matière vivante de toutes les époques géologiques antérieures ; *b*) que les conditions du milieu terrestre dans le cours de tous ces temps ont été favorables à son existence, c'est-à-dire toujours voisines de celles d'aujourd'hui ;

4º Dans le cours de tous ces temps géologiques, l'influence chimique de la matière vivante sur le milieu ambiant n'a pas subi de changement important ; les mêmes processus d'altération superficielle se sont développés pendant tous ces temps sur la surface terrestre, c'est-à-dire qu'on a constaté à peu près la même composition chimique moyenne de la matière vivante et de l'écorce terrestre qu'aujourd'hui ;

5º De l'immutabilité des processus d'altération superficielle, découle l'immutabilité du nombre des atomes englobés par la vie, c'est-à-dire la presque invariabilité au cours des temps géologiques de la masse globale de la matière vivante (1) ;

6º Quels que soient les phénomènes de la vie, l'énergie dégagée par les organismes est principalement (et peut-être entièrement) l'énergie radiante du Soleil. Par l'intermédiaire des organismes, cette énergie règle les manifestations chimiques de l'écorce terrestre.

18. — En prenant ces généralisations empiriques pour base de nos raisonnements, nous nous voyons obligés d'admettre qu'un grand nombre de problèmes posés devant la science (principalement dans les élabo-

---

(1) Il n'existe que des indices de faibles oscillations autour de la moyenne fixe.

rations philosophiques de cette dernière) devront disparaître du champ de notre examen, comme ne découlant pas des généralisations empiriques et ne pouvant être construits sans l'aide d'hypothèses. Par exemple les problèmes relatifs au commencement de la vie sur la Terre, s'il en a eu un ; toutes les représentations cosmogoniques ayant trait à l'état passé de la Terre, dénué de vie ou à l'existence de l'abiogenèse aux périodes cosmiques hypothétiques de l'histoire de la Terre.

Ces problèmes, la genèse de la vie, l'abiogenèse, l'existence de périodes dénuées de vie dans l'histoire de l'écorce terrestre, sont liés si étroitement avec les constructions scientifiques et philosophiques dominantes (pénétrés d'hypothèses cosmogoniques), qu'en général, on ne doute pas de leur nécessité logique.

Cependant, l'étude de l'histoire de la science démontre que c'est du dehors que ces problèmes ont pénétré dans la science, qu'ils ont pris naissance au sein des constructions religieuses ou philosophiques de l'humanité. Le fait devient évident quand on les compare avec le domaine des faits et des généralisations empiriques rigoureusement établies, de la science.

Tous ces faits demeureraient immuables même si ces problèmes avaient été résolus dans un sens négatif ; en d'autres termes, si même nous avions décidé que la vie a toujours existé sans commencement, que l'organisme vivant n'a jamais et nulle part tiré son origine de la matière brute, et qu'il n'a pas existé de périodes géologiques dénuées de vie dans l'histoire de la Terre.

Il faudra seulement remplacer les hypothèses cosmogoniques actuelles par des hypothèses nouvelles, soumettre quelques constructions philosophiques ou religieuses, rejetées par la pensée scientifique, à une nouvelle élaboration mathématique ou scientifique, comme ce fut le cas pour d'autres intuitions philosophiques et religieuses lors de la création des cosmogonies scientifiques contemporaines.

19. — LA MATIÈRE VIVANTE DANS LA BIOSPHÈRE. — La biosphère est la région unique de l'écorce terrestre occupée par la vie. Ce n'est que dans la biosphère, mince couche extérieure de notre planète, que la vie est concentrée ; tous les organismes s'y trouvent et y sont toujours séparés de la matière brute ambiante par une limite nette et infranchissable. Jamais organisme vivant n'a été engendré par de la matière brute. Lors de sa mort, de sa vie et de sa destruction, l'organisme restitue à la biosphère ses atomes et les lui reprend incessamment, mais la matière vivante pénétrée de vie puise toujours sa genèse au sein de la vie elle-même.

La vie englobe une partie considérable des atomes qui forment la matière de la surface terrestre. Sous son influence, ces atomes se trouvent en un mouvement perpétuel et intense. Des millions de composés de ces atomes les plus divers sont incessamment créés. Or, ce processus subsiste depuis des milliards d'années, depuis l'ère archéozoïque la plus ancienne jusqu'à nos jours, et demeure inaltérable dans ses traits essentiels.

Il n'est pas de force chimique sur la surface terrestre, plus immuable, et par là plus puissante en ses conséquences finales, que les organismes vivants pris dans leur totalité. A mesure qu'on étudie les phénomènes chimiques de la biosphère on se convainc de plus en plus qu'il n'existe pas de cas où ces phénomènes soient indépendants de la vie. Or, l'existence de ce fait peut être établie dans le cours de toute l'histoire géologique. Les couches archéozoïques les plus anciennes fournissent des indices indirects de l'existence de la vie ; les roches anciennes algonques (jatouliennes), peut-être même archéozoïques (J. Pompeckj, 1927), ont conservé des empreintes directes et des traces visibles d'organismes. Des savants tels que A. Schuchert (1924) ont eu parfaitement raison de rapprocher les roches archéozoïques des roches riches en vie : paléozoïques, mésozoïques et cénozoïques. Les roches archéozoïques correspondent aux parties accessibles de l'écorce terrestre les plus anciennes que nous connaissions. Ces roches contiennent des témoins d'une vie qui remonte à la plus haute antiquité (d'au moins 1.5×10^9 années). L'énergie du Soleil n'a pu par conséquent subir depuis de modification sensible et ces déductions sont confirmées par des conjectures astronomiques très vraisemblables (H. Shapley, 1925).

20. — En outre, il est évident que, si la vie venait à disparaître, les grands processus chimiques infailliblement liés avec elle disparaîtraient aussi, sinon dans toute l'écorce terrestre, du moins à sa surface, la face de la Terre, la biosphère. Tous les minéraux des parties supérieures de l'écorce terrestre, les acides alumosiliciques libres (argiles), les carbonates (calcaires et dolomies), les hydrates d'oxyde de fer et d'aluminium (limonites et bauxites) et des centaines d'autres minéraux y sont perpétuellement créés sous l'influence de la vie. Si la vie disparaissait, les éléments de ces minéraux formeraient immédiatement de nouveaux groupements chimiques répondant aux nouvelles conditions, tandis que tous leurs minéraux habituels disparaîtraient de manière irrévocable. Après l'extinction de la vie, il n'existerait pas de force sur l'écorce terrestre capable de donner perpétuellement naissance à de nouveaux composés chimiques.

Un équilibre chimique stable, un calme chimique, s'y établirait irrévocablement, troublé seulement de temps en temps et en certains points seuls par l'apport de matière des profondeurs terrestres, émanations gazeuses, sources thermales ou éruptions volcaniques. Mais ces matières nouvellement apportées auraient plus ou moins vite revêtu les formes stables des systèmes moléculaires propres aux conditions de l'écorce terrestre dénuée de vie, et ne subiraient désormais plus de changements.

Bien que le nombre des points servant d'issue à la matière qui jaillit des profondeurs de l'écorce terrestre puisse être évalué à des milliers, dispersés sur toute la surface de la planète, ils se perdent dans son immensité; se répétant de temps en temps ces processus, comme par exemple les éruptions volcaniques, demeurent quand même imperceptibles dans l'infinité des temps terrestres.

Lors de la disparition de la vie, seuls des changements lents insensibles, ayant trait à la tectonique terrestre se développeraient à la surface terrestre. Ces changements se manifesteraient, non dans le cycle de nos années et de nos siècles, mais dans celui des années et des siècles géologiques. Ils ne deviendraient perceptibles, comme les changements radioactifs des systèmes atomiques, que dans le cycle des temps cosmiques.

Les forces incessamment actives de la biosphère, chaleur du Soleil et activité chimique de l'eau, changeraient à peine le tableau du phénomène, car, avec l'extinction de la vie l'oxygène libre disparaîtrait aussi et la masse de l'acide carbonique diminuerait extrêmement. Les principaux agents de l'altération superficielle devraient ainsi disparaître, agents, qui, à l'heure actuelle sont sans cesse absorbés par la matière brute de la biosphère et reconstitués en même quantité par la matière vivante. Dans les conditions thermodynamiques de la biosphère, l'eau est un agent chimique puissant, mais cette eau « naturelle », l'eau *vadose* (§ 89) est riche en centres chimiquement actifs, grâce à l'existence de la vie, surtout des organismes microscopiques. Cette eau est modifiée par l'oxygène et l'acide carbonique qui s'y trouvent dissous. Cependant l'eau dénuée de vie, d'oxygène libre, d'acide carbonique possédant une température et une pression propres à la surface terrestre, dans un milieu gazeux inerte, est un corps chimiquement peu actif et indifférent.

La face de la Terre deviendrait aussi immobile et chimiquement inerte que la face de la Lune, les fragments des corps célestes attirés par l'attraction de la Terre, les météorites riches en métaux, et la poussière cosmique dispersée dans les espaces célestes.

21. — La vie est ainsi un perturbateur puissant, permanent et continu de l'inertie chimique sur la surface de notre planète.

En réalité, non seulement elle crée, par ses couleurs, ses formes, par les associations des organismes végétaux et animaux, par le travail et l'œuvre créatrice de l'humanité civilisée, tout le tableau de la nature ambiante, mais elle pénètre les processus chimiques les plus profonds et les plus grandioses de l'écorce terrestre.

Il n'est pas de grand équilibre chimique sur l'écorce terrestre où l'influence de la vie ne se manifeste, marquant toute la chimie de son sceau ineffaçable.

Ainsi la vie n'est pas un phénomène extérieur ou accidentel à la surface terrestre. Elle est liée d'un lien étroit à la structure de l'écorce terrestre, fait partie de son mécanisme et y remplit des fonctions de première importance, nécessaires à l'existence même de ce mécanisme.

22. — Toute la vie, toute la matière vivante peut être envisagée comme un ensemble indivisible dans

le mécanisme de la biosphère. Mais c'est une partie seule de la vie, *la végétation verte*, porteuse de la chlorophylle qui utilise immédiatement le rayon lumineux du Soleil, et produit au moyen de la photosynthèse, et par l'intermédiaire de ce rayon, des composés chimiques instables en dehors de l'organisme ou après sa mort dans le champ thermodynamique de la biosphère.

Tout le monde vivant est lié par un lien immédiat et indissoluble à cette partie verte. La matière des animaux et des plantes sans chlorophylle est une élaboration ultérieure de ses composés chimiques. Il se peut que les bactéries autotrophes seules ne soient pas un appendice de la végétation verte, mais ces bactéries sont aussi d'une manière ou d'une autre, liées dans leur passé par un lien génétique à la végétation verte (§ 100).

On peut ainsi considérer toute cette partie de la Nature vivante comme le développement ultérieur du même processus de transformation de l'énergie solaire lumineuse en force planétaire active. Les animaux et les champignons accumulent les corps riches en azote, corps qui deviennent des agents de modification encore plus puissants, des centres d'énergie chimique libre, lorsque après la mort et la destruction des organismes ou bien en se dégageant de ceux-ci, ils quittent le champ thermodynamique où ils furent stables et pénètrent dans la biosphère, dans un autre champ thermodynamique, où ils se décomposent en dégageant de l'énergie.

On peut ainsi considérer soit la matière vivante en entier, soit la totalité des organismes vivants sans exception (§ 160), comme le domaine unique et particulier de l'accumulation de l'énergie chimique libre, de la transformation dans la biosphère des radiations lumineuses du Soleil en cette énergie.

23. — L'étude de la morphologie et de l'écologie des organismes verts a démontré de longue date que l'organisme vert tout entier, par ses associations comme par son mouvement, était en premier lieu adapté à l'exécution de sa fonction cosmique — l'accaparement du rayon solaire et sa transformation. D'autre part, un naturaliste distingué qui a creusé ce problème, le botaniste autrichien J. Wiesner, a depuis longtemps remarqué que la lumière, plus encore que la chaleur, exerçait une action puissante sur la forme des plantes vertes : « On dirait que la lumière pétrit leurs formes comme une matière plastique ».

Une généralisation empirique de première importance surgit ici à deux points de vue divers et opposés, entre lesquels il est actuellement impossible de choisir. D'une part on cherche à expliquer le phénomène par des causes intérieures, propres à l'organisme vivant autonome, qui s'adapte de façon à accaparer toute l'énergie lumineuse du rayon solaire, d'autre part, cette explication est cherchée en dehors de l'organisme, dans le rayon solaire, qui, en éclairant l'organisme vert, l'élabore tel une masse inerte.

Il serait probablement juste de chercher la solution du problème dans les deux phénomènes; l'avenir en décidera. Pour le moment on doit surtout tenir compte de l'observation empirique elle-même, qui offre une bien plus grande importance que les représentations ci-dessus.

L'observation empirique nous démontre l'existence d'un lien indissoluble entre le rayonnement lumineux du Soleil qui éclaire la biosphère et le monde des êtres verts organisés vivants qui habitent celle-ci. Il existe toujours des conditions assurant au rayon lumineux la rencontre sur son chemin de la plante verte, ce transformateur de l'énergie apportée par lui.

On peut affirmer que *normalement* chaque rayon de Soleil déterminera une semblable transformation de l'énergie, transformation qui peut être envisagée comme une propriété de la matière vivante, comme sa fonction dans la biosphère.

Dans tous les cas où une transformation de cet ordre ne s'effectue pas et où la plante verte ne peut remplir la fonction qui lui est propre dans le mécanisme de l'écorce terrestre, il faut chercher une explication à cet état anormal du phénomène.

La conséquence essentielle tirée de l'observation est l'automatisme extrême du processus. Le rétablissement de son ordre troublé s'effectue sans participation d'autres agents que le rayon lumineux du Soleil et la plante verte, adaptée à ce rôle par une structure et une forme de vie déterminées. Ce rétablissement de l'équilibre ne pourrait se produire qu'en cas de supériorité des forces contraires. Il se trouve en rapport avec le temps.

24. — L'observation de la nature ambiante nous donne à chaque pas des indices de l'existence de ce mécanisme dans la biosphère. La réflexion nous fait comprendre sa grandeur et sa portée.

Toute la Terre ferme est recouverte de végétation verte. Les places dénudées y font exception et se perdent dans l'ensemble. La Terre ferme doit paraître verte, perçue des espaces cosmiques.

L'appareil vert qui capte et transforme le rayon se répand sur toute la surface de la Terre ferme et de l'Océan de manière aussi continue que le courant de lumière solaire qui tombe sur la Terre.

La matière vivante, l'ensemble des organismes, se répand sur toute la surface terrestre de manière analogue à celle des gaz et produit une pression déterminée dans le milieu ambiant ; elle évite les obstacles qui se trouvent sur le chemin de son mouvement ascendant ou s'en rend maîtresse, et les recouvre.

Avec le temps, la matière vivante revêt d'une enveloppe continue tout le globe terrestre et ne disparaît qu'à certains moments seuls, lorsque une force extérieure brise ou arrête dans son cours son mouvement, son étreinte.

Son ubiquité immuable se trouve en rapport avec le rayonnement solaire qui éclaire continuellement la face de la Terre et auquel le monde vert vivant qui nous environne doit son existence.

Ce mouvement est causé par la *multiplication des organismes*, savoir, par l'accroissement automatique du nombre de leurs individus. Il s'effectue d'habitude sans jamais s'interrompre, avec une intensité déterminée analogue à celle du rayon solaire tombant sur la face de la Terre.

Il est certain que, malgré l'extrême mutabilité de la vie, les phénomènes de sa reproduction, multiplication et croissance des organismes et de leurs ensembles (matières vivantes), c'est-à-dire le travail vital de la transformation de l'énergie solaire en énergie chimique terrestre, sont soumis à des lois mathématiques immuables. Tout y est calculé et approprié selon la précision et l'adaptation mécanique, la mesure et l'harmonie qui distinguent les mouvements des corps célestes et que nous commençons à percevoir dans les systèmes des atomes de la matière et des atomes de l'énergie.

25. — MULTIPLICATION DES ORGANISMES ET L'ÉNERGIE GÉOCHIMIQUE DE LA MATIÈRE VIVANTE. — La diffusion de la matière vivante verte provoquée par sa multiplication dans la biosphère est une manifestation des plus caractéristiques et des plus importantes du mécanisme de l'écorce terrestre. Cette diffusion est

une propriété commune à toutes les matières vivantes avec ou sans chlorophylle : c'est la manifestation la plus caractéristique et la plus importante de la vie dans la biosphère, le signe essentiel par lequel on distingue la vie de la mort, c'est une forme de l'englobement de tout l'espace de la biosphère par l'énergie de la vie. Cette diffusion provoquée par la multiplication, se manifeste dans la nature ambiante par l'*ubiquité de la vie*, son accaparement de tout espace libre, si elle ne rencontre sur son chemin aucun obstacle insurmontable qui y mette un frein. Le domaine de la vie, c'est toute la surface de la planète. S'il advenait qu'une partie fut dénuée de vie, elle finirait par être accaparée plus ou moins rapidement par des êtres vivants. Les temps géologiques, considérés à l'échelle de l'histoire de la planète, ne représentent qu'un moment bien court dans lequel des organismes se développent néanmoins, adaptés à des conditions qui leur eussent jadis été funestes ; les limites de la vie semblent ainsi s'étendre avec les temps géologiques (§ 119, 122) ; en tous cas, la vie s'empare ou tend à s'emparer pendant l'histoire géologique de tout l'espace qu'elle peut utiliser.

Cette tendance de la vie lui est manifestement inhérente et n'est pas l'indice d'une force étrangère, comme l'est pas exemple la diffusion d'un tas de sable ou d'un glacier, par suite de la gravitation.

La diffusion de la vie, c'est un mouvement qui se manifeste par l'ubiquité de la vie, c'est la manifestation de son énergie interne, du travail chimique qu'elle effectue. Cette diffusion est analogue à la diffusion du gaz, qui n'est pas provoqué par la gravitation, mais par sa propre énergie, par les mouvements séparés des particules dont l'ensemble constitue le gaz. La diffusion de la matière vivante à la surface de la planète est aussi la manifestation de son énergie : c'est un mouvement inévitable, déterminé par les nouveaux organismes provenant de la multiplication, qui occupent des places nouvelles dans la biosphère. Cette diffusion est, en premier lieu, la manifestation de l'énergie autonome de la vie dans la biosphère, énergie qui se fait connaître par le travail que la vie effectue, transportant les éléments chimiques et créant de nouveaux corps de ces éléments. Nous appellerons cette énergie — *énergie géochimique de la vie dans la biosphère.*

26. — Ce mouvement provenant de la multiplication des organismes vivants, exécuté avec une régularité mathématique inéluctable et surprenante, se produit dans la biosphère de manière ininterrompue et offre par ses résultats le trait le plus caractéristique et le plus essentiel du mécanisme de la biosphère. Il a lieu sur la Terre ferme à la surface terrestre, il pénètre tous les bassins, l'hydrosphère y compris, on l'observe à chaque pas dans la troposphère ; il s'infiltre sous forme de parasites dans l'intérieur même des matières vivantes. Il se produit sans intervalle, sans relentissement, d'une façon immuable et infaillible pendant des myriades d'années, accomplissant pendant tout ce temps un énorme travail géochimique, et présentant une forme de la pénétration de l'énergie du rayon solaire dans notre planète et de la distribution de cette énergie à la surface terrestre.

Il accomplit ainsi non seulement le travail du transport des corps matériels, mais celui de la transmission de l'énergie. De ce fait, le transport des corps matériels par la multiplication devient un processus *sui generis.*

Ce n'est pas un déplacement mécanique ordinaire des corps à la surface terrestre, corps indépendants, non reliés au milieu dans lequel ils se meuvent. Ce milieu suscite par sa résistance un frottement analogue à celui provoqué par le mouvement des corps provenant de l'attraction. Mais le lien de ce mouvement avec le milieu est plus profond encore : il ne peut se produire que par suite de l'échange gazeux qui s'opère entre les corps mobiles et le milieu dans lequel il a lieu. Il est d'autant plus rapide que l'échange gazeux est plus intense : il s'arrête lorsque l'échange gazeux ne peut plus se produire. L'échange gazeux est la *respiration* des organismes ; cette respiration, nous le verrons, transforme profondément la multiplication, et la dirige. Le mouvement de la multiplication présente ainsi une grande importance géochimique, et constitue une partie du mécanisme de la biosphère ; il est en même temps un reflet du rayon solaire. Par ailleurs la respiration elle-même, l'échange gazeux entre la vie et le milieu ambiant, est la manifestation de l'énergie de ce même rayon.

27. — Bien que ce mouvement se produise autour de nous de façon continue, nous ne le remarquons pas, car notre regard n'en saisit que l'impression générale : beauté et diversité des formes, couleurs, mouvements et corrélations que la nature vivante nous offre. Nous voyons seulement les champs et les forêts, avec leur vie végétale et animale, les bassins et les mers débordant de vie, le sol imprégné de cette vie, mais faisant l'effet d'un corps dénué de vie. Nous voyons le résultat statique de l'équilibre dynamique de ces mouvements, mais il est rare que nous puissions les observer par eux-mêmes.

Arrêtons-nous sur quelques exemples qui rendent manifeste ce mouvement, principe créateur de la nature vivante, mouvement invisible, mais jouant un rôle essentiel et particulier dans la nature.

Nous observons de temps en temps sur des espaces comparativement restreints une disparition de la vie végétale supérieure. Un incendie de forêts, des embrasements de steppes, des champs remués, labourés, délaissés ; des îles nouvellement formées, des courants de lave consolidée, des terrains recouverts de cendre volcanique, d'autres terrains dégagés de glaciers ou de bassins aqueux, de nouveaux sols formés sur des rochers arides par les lichens et les mousses : tous ces phénomènes et d'autres formes de manifestations infinies de la vie sur notre planète créent pour un certain temps des taches qui marquent l'absence d'herbes et d'arbres sur l'enveloppe verte de la terre ferme. Mais ces taches ne restent pas longtemps. La vie recouvre rapidement ses droits, les herbes vertes et, au bout d'un certain temps, les végétations d'arbres rentrent en possession des places perdues ou en occupent de nouvelles. Cette végétation pénètre en partie du dehors avec les semences apportées par les organismes mobiles ou plus souvent encore par le vent ; d'autre part cette végétation est due aux fonds des semences qui gisent partout dans le sol à l'état latent en conservant parfois cette forme durant des siècles entiers.

Mais cette pénétration des semences du dehors, bien qu'étant condition nécessaire du développement de la végétation, n'est pas la cause déterminante. Ce développement s'effectue par multiplication des organismes, et dépend de l'énergie géochimique manifestée par cette multiplication ; le processus dure des années jusqu'au rétablissement de l'équilibre troublé. Il se trouve, nous le verrons, en rapport avec la vitesse de transmission de la vie dans la biosphère, de la transmission de l'énergie géochimique de ces matières vivantes, des espèces supérieures de plantes vertes.

Dans ce dernier cas, l'observateur attentif du repeuplement des espaces dénudés peut saisir ce mouvement d'effusion de la vie, et sentir réellement sa pression ; il peut, en concentrant sa pensée, contempler sur notre planète le mouvement de l'énergie solaire, transformée en énergie chimique terrestre.

Il perçoit aussi ce mouvement dans les cas où il doit défendre contre une invasion étrangère les champs et les espaces vides, qu'il entend utiliser, lorsqu'il s'efforce de surmonter la pression de la vie.

Il voit ce mouvement lorsqu'il examine d'un regard attentif la nature ambiante, la lutte pour l'existence sourde, silencieuse, inexorable menée autour de lui par les plantes vertes. Il perçoit ce mouvement et a éprouvé la sensation réelle de l'ébranlement de la forêt sur la steppe, ou du mouvement ascendant de la masse de lichens de la toundra qui étouffe la forêt.

28. — Les arthropodes, les acariens, les araignées constituent la masse principale de la matière animale vivante de la Terre ferme. Dans les régions tropicales et subtropicales ce sont les orthoptères, fourmis, termites, qui jouent le rôle dominant. Leur multiplication se produit de façon particulière. Bien que l'énergie géochimique qui leur est propre (§ 37) appartienne à l'ordre de celle des plantes vertes supérieures, elle est pourtant quelque peu moindre.

Dans les états des termites, c'est un organisme unique entre des dizaines de milles, parfois des centaines de milles d'individus neutres, doué de la faculté de reproduction immédiate qui donne des descendants : nous voulons parler de la reine-mère. Elle pond des œufs toute sa vie de manière ininterrompue, parfois dix années de suite et davantage. Le nombre des œufs qu'elle peut pondre, des individus nouveaux qu'elle peut produire, s'élève à des billions. Elle en donne des centaines de milliers par an. On cite des cas où elle pond 60 œufs par minute, soit 86.400 en 24 heures, avec la même **régularité** qu'une pendule **marquant les** secondes, à raison de 86.400 en 24 heures.

La multiplication se produit par essaims. Une partie de la génération, avec la nouvelle **reine-mère**, s'envole et occupe un nouvel espace en dehors de l'aire nécessaire à l'existence du premier état primordial. L'instinct fonctionne partout avec une exactitude mathématique, tant dans la conservation des œufs, instantanément emportés par les termites-ouvriers, que dans l'envol des essaims, ou dans le remplacement, en cas d'accidents inattendus, de l'ancienne reine-mère par une mère nouvelle. Le nombre s'y manifeste partout avec la même précision merveilleuse. **Tout** y est soumis à la mesure, à des lois numériques déterminées : moyenne des œufs, moyenne annuelle **des** essaims, moyenne des individus qu'ils contiennent, moyenne de la population des états, dimensions **et** poids des organismes ; l'intensité moyenne de **la** multiplication, et transport de l'énergie géochimique des termites à la surface terrestre, provoqué **par** cette multiplication : ce sont là toujours autant de constantes numériques.

On peut exprimer en nombre moyen exact l'intensité du mouvement des termites à la surface de la Terre provenant de leur multiplication, si l'on **connaît** le nombre annuel des essaims, le nombre moyen **des** individus qui les composent, leurs dimensions, **le** nombre moyen des œufs pondus annuellement **par la** reine ; on peut représenter par un nombre **déterminé** l'action produite par ce mouvement dans le **milieu** ambiant, et sa pression.

Cette pression est très élevée. **Les hommes voisins de** l'habitat des termites le savent par le travail **qu'ils** sont obligés de faire pour protéger les produits **néces**saires à leur subsistance, et à leur alimentation.

Si les termites n'avaient pas rencontré d'obstacle dans le milieu extérieur, surtout dans la vie ambiante étrangère, ils auraient pu en peu d'années envahir et recouvrir toute la surface de la biosphère : 5.10065×10^8 kilomètres carrés.

29. — Les bactéries occupent parmi les organismes une place particulière. Ce sont des êtres organisés, de dimensions les plus minimes que nous connaissions : leurs dimensions linéaires n'atteignent que 10^{-4} et même 10^{-5} centimètres. En même temps ce sont des organismes qui possèdent la plus grande force de mulplication. Ils se multiplient par scission. Chaque cellule se double à maintes reprises dans l'espace de 24 heures. La bactérie qui possède la plus grande intensité de multiplication produit quotidiennement ce travail 63 à 64 fois, en moyenne toutes les 22-23 minutes, avec la même régularité que la femelle des termites qui pond les œufs, ou la planète qui tourne autour du Soleil.

Les bactéries habitent un milieu liquide ou semi-liquide. C'est dans l'hydrosphère qu'on observe leurs masses principales ; il en est de grandes quantités se trouvant dans le sol, qui pénètrent d'autres organismes.

Si elles ne rencontraient pas d'obstacles dans le milieu extérieur, elles auraient pu créer avec une vitesse inconcevable des quantités infinies de composés chimiques des plus compliqués, réceptacles d'une énergie chimique immense.

L'immense vitesse de multiplication correspond à une très grande énergie. Cette reproduction est si prodigieuse que les bactéries pourraient en 36 heures et moins, recouvrir de leur corps sous forme d'une mince couche toute la surface du globe terrestre ; travail dont les herbes vertes ou les insectes ne pourraient venir à bout qu'en plusieurs années, ou en des centaines de jours dans des cas particuliers.

Il existe dans le milieu marin des bactéries de forme presque sphérique, dont le volume atteint d'après M. Fischer un micron cube, soit 10^{-12} centimètres cubes. Un centimètre cube peut contenir 10^{12} individus qui en tenant compte de l'intensité de leur multiplication, environ 63 cissions de chaque cellule en 24 heures, pourraient combler un centimètre cube en 11 à 13 heures, si une bactérie de cette espèce y pénétrait.

En fait, les bactéries ne se rencontrent pas isolées, elles forment toujours une population et, dans des conditions favorables, comblent encore plus rapidement un centimètre cube.

Le processus du dédoublement se produit effectivement avec cette vitesse lorsque les conditions sont propices ; en premier lieu, si la température du milieu le permet. La vitesse de l'ordre de succession des générations ralentit avec la baisse de la température, et ce changement peut s'exprimer par une formule numérique précise. La bactérie respire tout le temps c'est-à-dire qu'elle se trouve en un rapport étroit avec les gaz dissous dans l'eau. Il est clair que le nombre de bactéries en un centimètre cube ne peut atteindre le nombre des molécules gazeuses occupant le même volume, soit $2{,}706 \times 10^{19}$ (nombre de Loschmidt). Un centimètre cube d'eau contiendra un nombre bien moindre de molécules gazeuses. Le nombre des bactéries en un centimètre cube ne pourra dépasser celui des molécules gazeuses avec lesquelles ces bactéries sont génétiquement liées. On constate ici une limite à la multiplication des êtres organisés, posée par les phénomènes de la respiration, et par les propriétés de l'état gazeux de la matière.

30. — L'exemple des bactéries nous permet d'exprimer le mouvement observé dans la biosphère et pro-

venant de la multiplication sous une autre forme que nous ne l'avons fait jusqu'ici.

Représentons-nous la période de l'histoire de la Terre dont l'existence, simple conjecture est admise sans preuve par les géologues ; période où l'océan recouvrait, non les trois quarts de la surface terrestre, mais la planète tout entière. E. Suess fait remonter cette « mer universelle », « panthalasse », à l'ère archéozoïque. Des bactéries la peuplaient alors indubitablement. Leurs restes visibles sont constatés dans les couches paléozoïques les plus anciennes. Le caractère des minéraux appartenant aux couches archéozoïques et surtout celui de leurs associations établissent avec semblable certitude l'existence des bactéries dans tout l'archéozoïque, dans les couches de la planète les plus anciennes, accessibles à l'investigation géologique. Si la température de cette mer universelle avait été favorable à leur vie et s'il n'avait pas existé d'obstacles à leur multiplication, la bactérie sphérique d'un volume de 10^{-12} centimètres cubes aurait formé une pellicule ininterrompue de $5.10065. 10^8$ kilomètres carrés en 1,47 fois 24 heures, soit en moins de 36 heures.

Des pellicules de bactéries formées par multiplication, de dimension moindre, mais occupant de grandes surfaces, sont continuellement observées dans la biosphère. Vers 1890, le professeur M. A. Egounoff s'est efforcé de prouver l'existence d'une pellicule mince, mais immense de bactéries sulfureuses, de surface égale à celle de la mer Noire 411.540 kilomètres carrés, à la limite de la surface de l'oxygène libre, et à la profondeur d'environ 200 mètres. Les recherches du professeur B. L. Issatchenko, de l'expédition de N. M. Knipovitch (1926), ne confirment pas ces indications. On observe le phénomène à une échelle moindre, mais sous une forme pourtant très nette, dans les équilibres dynamiques de la vie, par exemple à la limite de l'eau douce et salée dans le lac Mertvoje (lac "mort"), dans l'île de Kildine, toujours recouverte d'une couche ininterrompue de bactéries pourpoureuses (C. Derjuguine, 1926).

D'autres organismes microscopiques plus gros, les organismes du plancton, offrent l'exemple constant d'un pareil phénomène ; parfois, la pellicule que complètent ces organismes du plancton océanique, recouvre des milliers de kilomètres carrés. Ces pellicules se forment rapidement.

On peut toujours représenter l'énergie géochimique de ces processus, d'une même manière : en l'exprimant sous forme de vitesse de transmission de cette énergie à la surface terrestre, vitesse v, proportionnelle à l'intensité de la multiplication de l'espèce, dans notre cas, des bactéries de M. Fischer.

Dans sa manifestation maximum, et si l'organisme peuplait toute la surface de la terre (5.10065.10⁸ kilomètres carrés), cette énergie parcourra dans un temps déterminé, différent pour chaque espèce, une même distance maximum, qui correspond à l'équateur terrestre, 4.0075721.10⁸ mètres.

La bactérie de Fischer, d'un volume de 10^{-13} centimètres cubes développera, en formant la pellicule dans l'océan panthalassique de E. Suess une énergie dont la transmission selon le diamètre terrestre aura une vitesse avoisinant 33.000 centimètres seconde.

La vitesse v, égale à 33.100 centimètres-seconde, peut être considérée comme la vitesse de transmission de la vie, de l'énergie géochimique autour du globe terrestre : elle est égale à la vitesse moyenne du mouvement de rotation autour de ce globe d'une bactérie par suite de sa multiplication. En 1,45 journées de 24 heures, cette bactérie pourrait faire, par suite de sa multiplication, le « tour » complet du Globe terrestre en traversant la mer hypothétique universelle.

La vitesse de la transmission de la vie sur la distance maximum qui lui est accessible sera la constante caractéristique de chaque matière vivante homogène, constante dont nous nous servirons pour exprimer l'énergie géochimique de la vie.

31. — Cette grandeur toujours spécifique pour chaque espèce ou race, exprime d'une part le caractère du mécanisme de la multiplication, d'autre part les limites posées à la multiplication par les dimensions et les propriétés de la planète.

La vitesse de transmission de la vie n'est pas une simple expression des propriétés des organismes autonomes ou de leurs ensembles, les matières vivantes : elle exprime leur multiplication dans les cadres de la biosphère, comme phénomène planétaire. Les éléments de la planète, la grandeur de sa surface et de son équateur y entrent comme une partie intégrante. Il existe ici une analogie avec quelques autres propriétés de l'organisme par exemple *avec son poids*. Le poids de l'organisme sur la Terre et le poids du même organisme transporté sur une autre planète ne seraient pas les mêmes, bien qu'ils n'aient subi aucun changement. De même, les vitesses de transmission de la vie sur la Terre ou sur Jupiter, dont la surface et le diamètre ne sont pas identiques à ceux de la Terre, seraient différentes, même si l'organisme était demeuré sans modifications.

Ce caractère terrestre, spécifique de la transmission de la vie, est déterminé par les limites que les propriétés et le caractère de la Terre comme planète, de la biosphère comme phénomène cosmique, posent à la manifestation du mécanisme de la multiplication.

32. — Le domaine des phénomènes de la multiplication n'a pas assez attiré l'attention des biologistes.

Mais en fait, de façon presque imperceptible pour les naturalistes eux-mêmes, quelques généralisations empiriques s'y sont introduites, qui, par la force de l'habitude, ont fini par paraître claires.

Il faut noter parmi ces dernières, les généralisatons suivantes : *la multiplication de tous les organismes s'exprime en progressions géométriques*. On peut l'exprimer par une formule unique : par exemple par $2^{n\Delta} = N_n$, où n est le nombre de fois 24 heures à partir du commencement de la multiplication, Δ la raison de la progression, qui pour les organismes unicellulaires se multipliant par scission, est le nombre des générations issues en 24 heures. N_n est le nombre des individus qui se forment par la multiplication en n journées (de 24 heures).

Δ sera caractéristique de chaque matière vivante. Cette formule est sans limites et sans restrictions, pour n, pour Δ, et pour N_n.

De même que la progression, ce processus est considéré comme infini.

Cette infinité potentielle propre à la manifestation de la multiplication de l'organisme s'exprime par la *soumission de cette manifestation dans la biosphère*, autrement dit *de l'effusion de la matière vivante à la surface terrestre, à la règle de l'inertie*. On peut considérer comme empiriquement prouvé que le processus de la multiplication n'est entravé dans son cours que par des forces externes ; il s'affaiblit à une température basse, prend fin ou s'affaiblit faute de nourriture ou de gaz nécessaires à la respiration, faute de place pour l'habitation des nouveau-nés. Dès 1858, C. Darwin et A. Wallace avaient exprimé cette idée sous une forme déjà familière aux naturalistes anciens : C. Linné, Buffon, C. Humboldt, A. Ehrenberg, C. de Baer, qui avaient approfondi ces problèmes. *Chaque organisme peut, dans un temps différent, mais déterminé pour chacun d'eux, couvrir par voie de multiplication, s'il n'en est empêché par quelque obstacle extérieur, tout le globe terrestre, créer une postérité d'un volume égal à celui de la masse de l'Océan ou de l'écorce terrestre, voire de la planète elle-même.*

Le temps nécessaire à la réalisation de cet effet qui diffère selon les organismes, se trouve en rapport étroit avec leurs dimensions. *Les petits organismes, autrement dit plus légers, se multiplient beaucoup plus vite que les organismes gros* (c'est-à-dire les organismes d'un plus grand poids).

33. — Ces trois principes empiriques expriment les phénomènes de multiplication des organismes sous une forme irréelle, dans les cadres du temps et de l'espace infinis et abstraits.

Mais la vie est en réalité, sous sa forme accessible pour nous, un phénomène purement terrestre, planétaire, inséparable de la biosphère, créée et adaptée en vue de ses seules conditions.

Transporté dans le temps et l'espace abstrait des mathématiques, la vie devient une fiction, une création de notre esprit, qui ne coïncide pas avec le phénomène réel.

Pour s'en faire une idée exacte et scientifique il faut apporter des corrections aux notions abstraites de temps et d'espace qui ont trait à ces trois représentations. Ces corrections sont susceptibles, comme l'indique le cas présent, de modifier radicalement les déductions établies sans tenir compte des propriétés terrestres du temps et de l'espace.

34. — Les organismes occupent un espace limité, et unique pour tous. Ils habitent un espace d'une structure déterminée, un milieu gazeux ou un liquide pénétré de gaz. Il y aura des limites différentes pour

chaque organisme, selon le caractère de son processus de multiplication.

Une suite nécessaire de ce principe, c'est la limitation de toutes les grandeurs qui déterminent les phénomènes de multiplication des organismes dans la biosphère. Il doit exister des nombres maxima d'individus pouvant être créés par différentes matières vivantes. Ces nombres N_{max} doivent être finaux et caractéristiques pour chaque espèce ou race. Les vitesses de transmission de la vie doivent être renfermées dans des limites exactes et déterminées, jamais incapables d'être dépassées. Enfin, les grandeurs Δ des progressions géométriques de la multiplication ont aussi des limites déterminées.

Ces limites sont réglées par deux manifestations de la planète : 1° par ses dimensions ; 2° par la constitution physique du milieu terrestre, liquide ou gazeux, dans lequel la vie se déroule, en premier lieu par les propriétés des gaz et l'échange entre leurs molécules et les organismes.

35. — Arrêtons-nous sur la limitation imposée par les dimensions de la planète.

Nous observons à chaque pas l'influence de ces dimensions. Les surfaces des petits bassins sont très souvent recouvertes de manière ininterrompue par une végétation verte flottante. A nos latitudes, ce sont très souvent les lentilles d'eau vertes, différentes espèces de Lemna. La surface de l'eau devient souvent une couche verte continue sans aucune lacune. Les petites plantes sont étroitement rappro-' chées l'une de l'autre, leurs lamelles vertes se touchent le processus de la multiplication fonctionne, mais un obstacle extérieur l'entrave — tout d'abord le manque de place. Le phénomène ne se manifeste que lorsque, par suite de diverses causes extérieures, destruction des lentilles d'eau ou leur déplacement, les places vides se produisent sur la surface aqueuse. Ces places sont instantanément comblées par multiplication. Il est évident que le nombre des **individus** de lentilles d'eau, qui peuvent tenir sur la surface donnée, est déterminé et dépend de leur dimension et de leur condition d'existence. Ce nombre une fois atteint, le processus de multiplication s'arrête : il est entravé par des obstacles extérieurs insurmontables. Dans chaque étang s'établit un équilibre dynamique particulier, analogue à celui observé pendant l'évaporation de l'eau à sa surface. La tension de la vapeur d'eau et la pression de la vie sont mécaniquement analogues.

Un autre exemple universellement connu comme tableau de la nature, c'est la vie de l'algue verte, qui possède une énergie géochimique bien supérieure à celle de la lentille d'eau. Elle recouvre complètement, dans des conditions favorables, les troncs d'arbres sans aucune lacune (§ 50). Elle ne peut aller plus loin faute de place ; son processus de multiplication est arrêté dans son cours ; il recommence à fonctionner, dès que se présente la moindre possibilité de trouver des places libres pour loger de nouveaux individus du Protococcus. Le nombre des individus de cette algue qui peuvent tenir sur la surface d'un arbre est rigoureusement déterminé et ne peut être dépassé.

36. — On peut étendre intégralement ces considérations à toute la nature vivante et au domaine accessible à son peuplement, la surface de notre planète.

La manifestation maxima de la force de multiplication de la matière vivante, est déterminée par les dimensions de la planète, et par le nombre des indi-

vidus qui peuvent tenir sur une surface égale à
5.10065.10^{18} centimètres carrés. Ce nombre est fonction de la densité de population qui ne peut être
dépassée.

Cette densité est très variable : pour les lentilles
d'eau ou le protococcus unicellulaire, elle n'est déterminée que par leurs dimensions ; d'autres organismes
demandent une bien plus grande surface (ou volume)
pour leur vie. L'éléphant exige aux Indes jusqu'à
30 kilomètres carrés ; la brebis dans les pâturages des
montagnes d'Ecosse environ 10^{5} mètres carrés ; une
ruche d'abeilles moyenne, un minimum de 10-15 kilomètres carrés (soit un minimum de 200 mètres carrés,
par abeille) de forêt à feuilles de l'Ukraine ; 3.000
à 15.000 individus de plancton se développent normalement dans un litre d'eau de mer ; 25 à 30 centimètres
carrés suffisent aux graminées ordinaires, quelques
mètres carrés, parfois des dizaines aux individus de
notre forêt ordinaire.

Il est évident que la vitesse de transmission de la
vie dépend de la densité possible des ensembles d'individus, qui peuvent se développer normalement, c'est-
à-dire d'une densité normale de la matière vivante.

Nous ne nous arrêterons pas ici sur cette constante
importante de la vie dans la biosphère (1) constante
encore peu étudiée. Il est évident que la densité
maxima d'une couche continue d'organismes (type de
lentilles d'eau ou de protococcus) ou d'un centimètre
cube complètement rempli de plus petites bactéries
(§ 29) correspond au nombre maximum d'individus
pouvant exister dans la biosphère.

On peut étendre cette déduction à tous les organismes, en admettant pour eux semblable densité

(1) Cf. W. Vernadsky, *Bulletin de l'Académie des Sciences de l'Union
des Rep. Sov. Soc.*, L. 1926, p. 727, 1927, p. 241 ; *Revue générale des
Sciences*, p. 661, 700, 1926.

de la population. Dans ce cas, la densité de la population doit être égale au carré de la dimension moyenne maximum de l'individu, c'est-à-dire au carré de sa longueur moyenne ou de sa largeur moyenne (coefficient $\varkappa_1$).

37. — La limitation de la multiplication par les dimensions de la planète, de l'arrêt inévitable du processus, lui prête, abstraction faite de l'influence plus profonde exercée par le milieu des plantes vertes (comme on le verra dans la suite), des traits particuliers et importants.

En premier lieu, *il existe évidemment un parcours maximum, déterminé, égal pour tous les organismes, sur lequel la transmission de la vie peut s'effectuer.* Ce parcours est égal à la longueur de l'équateur, soit 40.075.721 mètres. Ensuite, il existe pour chaque espèce ou race une quantité maxima d'individus, qui ne peut jamais être dépassée. Pour que ce nombre soit atteint, la race donnée devrait peupler toute la surface terrestre avec une densité maxima. Ce nombre que nous désignerons dans la suite par N_{mx} et que nous appellerons *nombre stationnaire de la matière vivante homogène,* est de grande importance pour l'évaluation de l'influence géochimique de la vie. Il répond à la manifestation maximum possible de l'énergie de la matière vivante homogène, donnée dans la biosphère, de son travail géochimique maximum ; la vitesse de son obtention (différente pour chaque organisme), n'est autre que la vitesse v, celle de la transmission de la vie.

Cette vitesse v est reliée au nombre stationnaire par la formule ci-dessous :

$$v = \frac{13963.3 \times \Delta}{lg\, N_{mx}}.$$

Il est évident que si la vitesse de transmission de la vie restait constante, Δ, qui caractérise l'intensité de la multiplication (§ 32) devrait diminuer ; la multiplication des organismes dans le volume et l'espace donnés devraient s'effectuer avec une lenteur croissante à mesure que le nombre des individus nouvellement nés augmenterait et se rapprocherait du nombre stationnaire.

38. — Nous voyons que ce phénomène dans la nature ambiante a depuis longtemps été remarqué par les naturalistes anciens et nettement énoncé voilà 40 ans par K. Semper (1888), observateur exact de la nature vivante. Semper a noté que dans les conditions favorables à la vie, la multiplication des organismes diminuait dans les petits bassins, à mesure que le nombre des individus augmentait. Le nombre stationnaire n'y est pas atteint, ou à mesure qu'on en approche par le nombre des individus créés, le processus devient plus lent. Il existe quelque cause, peut-être non extérieure, qui règle le processus. Les expériences de R. Pearl et de ses collaborateurs sur la mouche Drosophila et sur les poules (1911-1922) confirment cette généralisation de Semper pour d'autres milieux.

39. — La vitesse de transmission de la vie peut donner une idée nette de l'énergie géochimique vitale de divers organismes. Elle oscille dans de larges limites et se trouve en rapport étroit avec les dimensions de l'organisme. Pour les plus petits organismes, les bactéries, elle est, nous l'avons vu, voisine de la vitesse du son dans l'air, soit 33.100 centimètres par seconde. Pour les gros mammifères, elle est égale à des fractions de centimètre : pour l'éléphant indien par exemple, $v = 0,09$ centimètre seconde.

Ce sont là des limites extrêmes. Elles comprennent

les vitesses de transmission de la vie de tous les autres organismes. Ces vitesses sont reliées d'un rapport évident avec les dimensions de l'organisme, et dans les cas plus simples (par exemple pour les organismes dont la forme se rapproche d'une sphère), ce rapport des dimensions de l'organisme avec sa vitesse v peut dès maintenant s'exprimer en une formule mathématique. Or, l'existence d'un rapport mathématique déterminé dans tous les cas sans exception, répond à la généralisation empirique ancienne dont il a été question plus haut.

40. — La vitesse de transmission de la vie, donne une idée nette de l'énergie de la vie dans la biosphère, et du travail qu'elle y produit, mais elle ne peut à elle seule déterminer cette énergie. Il faut encore prendre en considération la masse de l'organisme dont l'énergie d'effusion dans la biosphère est exprimée par la vitesse v.

La formule $\dfrac{p\,v^2}{2}$ (où p est le poids moyen de l'organisme (1) et v la vitesse de transmission de l'énergie géochimique) donne l'expression de l'*énergie géochimique cinétique* de la matière vivante. Considérée dans son rapport avec une surface ou un volume déterminé de la biosphère, cette formule est celle du travail chimique qui peut être produit par l'espèce, ou la race d'organismes donnés dans les processus géochimiques, qui se développent sur cette surface ou dans ce volume.

(1) L'expression p du poids moyen de l'organisme d'une espèce (resp. poids moyen d'un élément de la matière vivante homogène) peut, et logiquement doit, être remplacée par celle du *nombre moyen des atomes* qui correspondent à l'individu de l'espèce. C'est ce nombre τ d'atomes, et non le poids, qui est un phénomène réel et qui doit nous intéresser dans l'état actuel de nos connaissances. Il ne peut malheureusement être calculé que dans les cas exceptionnels faute d'analyses chimiques élémentaires des organismes.

Des tentatives pour déterminer ainsi une partie de l'énergie géochimique de la matière vivante, ramenée à une surface déterminée de la biosphère, l'hectare, ont été faites depuis longtemps. Telles sont, par exemple, les *évaluations des récoltes*, de la quantité des organismes ou de leurs produits utiles à l'homme, tirés d'une surface donnée, ou, en termes plus précis, de la quantité par hectare de matière organique pouvant être créée par la multiplication ou la croissance des organismes.

Bien que ces données soient très incomplètes et n'aient pas été théoriquement élaborées, elles ont déjà abouti à des généralisations empiriques importantes.

Il est certain que la quantité de matière organique créée par hectare est limitée, et qu'elle est liée par un lien étroit à l'énergie solaire radiante que la plante verte s'assimile. L'énergie géochimique ainsi accumulée par la multiplication des organismes par hectare est une énergie solaire transformée.

Il devient évident que, dans les cas de récoltes maxima, la quantité de matière organique tirée de chaque hectare du sol, est de même ordre que celle tirée par hectare de l'Océan. Ces deux nombres sont à peu près de la même grandeur et tendent vers la même limite. L'hectare du sol n'embrasse qu'une mince couche, qui ne dépasse pas quelques mètres, tandis que l'hectare de l'océan comprend une couche d'eau animée de vie, qui peut être mesurée par kilomètres. L'identité de l'énergie vitale créée dans les deux couches démontre que la source en réside à la surface éclairée par les rayons solaires.

Le fait est probablement lié aux propriétés caractéristiques du sol dans lequel, on le verra, s'accumulent des concentrations d'organismes (microbes), possédant une immense énergie géochimique (§ 155). Par suite de cette concentration de l'énergie de la matière vivante, la mince couche du sol peut être comparée par son effet géochimique à la masse épaisse de la mer, où les centres vitaux sont délayés dans la masse inerte de l'eau.

41. — L'énergie géochimique cinétique de l'organisme $\frac{p\,v^2}{2}$ rapportée à l'hectare, soit à 10^8 centimètres carrés, peut être exprimée par la formule suivante, où $\frac{10^8}{k}$ est la quantité des organismes par hectare une fois qu'ils ont atteint le nombre stationnaire (§ 37), et k- le coefficient de la densité de la vie (§ 36) :

$$A_1 = \frac{p\,v^2}{2} \cdot \frac{10^8}{\varkappa} = \frac{p\,v^2 \cdot N_{mx}}{2 \times 5 \cdot 10065 \cdot 10^{18}}$$

Il est très caractéristique que, pour les Protozoaires, cette grandeur paraît une constante. La formule donne pour eux :

$$A_1 = \frac{p\,v^2}{2} \cdot \frac{10^8}{\varkappa} = a \times 3.51 \cdot 10^{12}\,\text{C. G. S.,}$$

où le coefficient a est voisin de l'unité (1).

Cette formule montre que l'énergie géochimique cinétique du Protozoaire est déterminée par la vitesse v, qui se rapporte au poids et aux dimensions de l'organisme et à l'intensité de multiplication.

Rapporté à Δ, v peut être exprimé par la formule ci-dessous :

$$v = \frac{4.66637 \cdot lg\,2 \cdot \Delta}{18 \cdot 70762 - l\,gk.}$$

(1) Correspond au poids spécifique du Protozoa. Selon les nouvelles déterminations (P. Leontiev, 1926), la valeur de a est environ de l'ordre de 1,05.

où les coefficients des constantes spécifiques pour toutes les espèces d'organismes se rattachent aux dimensions de la planète à la longueur de diamètre, et où les évaluations sont C. G. S. (1).

La formule de la vitesse montre que les dimensions de la planète ne peuvent expliquer à elles seules la limite réelle pour v et Δ.

Les plus grandes valeurs connues sont, pour v 33.100 centimètres secondes, et pour Δ environ 63-64.

Peuvent-elles augmenter encore, ce qui, à juger d'après les formules citées, est aussi possible dans le cas de la constance de l'énergie cinétique par hectare, ou existe-t-il dans la biosphère des conditions qui y font obstacle ? Cet obstacle existe, et n'est autre que l'échange gazeux des organismes, inévitable et nécessaire à leur vie et en particulier à leur multiplication.

42. — Il ne peut exister d'organismes sans échange gazeux, sans *respiration*. Plus la multiplication s'effectue vite, plus la respiration devient intense.

On peut toujours juger de l'intensité de la vie par la puissance de l'échange gazeux.

A l'échelle de la biosphère, on doit envisager non la respiration d'un organisme séparé, mais le résultat général de la respiration ; il convient d'évaluer l'échange gazeux, la respiration, de tous les organismes vivants, comme une partie du mécanisme de la biosphère.

Il existe depuis longtemps dans ce domaine, des

(1) Une telle expression de v existe pour tous les organismes et non pour les protozoaires seuls. La formule de A a une autre valeur, moindre pour les groupes supérieurs, Metazoa et Metaphyta, ce qui tient aux phénomènes de respiration et à la différence foncière entre leur organisation et celle des protozoaires. Nous ne pouvons nous arrêter ici sur ces phénomènes importants et complexes.

généralisations empiriques qui n'ont jusqu'à présent que peu attiré l'attention et dont la pensée scientifique n'a pas suffisamment tenu compte.

La première de ces généralisations indique que *les gaz de la biosphère sont identiques à ceux créés par l'échange gazeux des organismes vivants*. Ce sont ces gaz seuls qui, en quantité notable existent dans la biosphère : O_2, N_2, CO_2, H_2O, H_2, CH_4, NH_3. Le fait ne peut être accidentel.

D'autre part, tout l'oxygène libre de la biosphère n'est créé à la surface terrestre *que par suite de l'échange gazeux des plantes vertes*. Cet oxygène libre est la source principale de l'énergie chimique libre de la biosphère.

Enfin, *la quantité de cet oxygène libre* dans la biosphère, égale à $1,5 \times 10^{21}$ grammes, est un nombre du même ordre que la quantité de matière vivante qui existe, et est liée à elle par un lien indissoluble ; elle est évaluée à 10^{20}-10^{21} grammes. Ces deux évaluations ont été obtenues indépendamment l'une de l'autre.

Ce lien étroit des gaz terrestres avec la vie démontre indubitablement que l'échange gazeux des organismes, en premier lieu leur respiration, doivent avoir une importance primordiale dans le régime gazeux de la biosphère, autrement dit : *être un phénomène planétaire*.

43. — Cet échange gazeux, la respiration, détermine l'intensité de la multiplication ; il pose des limites aux valeurs de v et de Δ *qui ne peuvent dépasser les limites qui enfreignent les propriétés des gaz*.

Nous avons déjà indiqué (§ 29) que le nombre d'organismes pouvant exister dans un centimètre cube du milieu, doit être moins élevé que le nombre des molécules gazeuses qui y sont contenues, c'est-à-dire être moindre que $2.716.10^{19}$ (nombre de Loschmidt) (1). Si la grandeur v était supérieure à 33.100 centimètres-seconde, la quantité des individus provenant de leur multiplication pour les organismes de moindres dimensions que les bactéries (soit de dimensions d'un ordre moins élevé que $n \times 10^{-5}$ centimètres) pourrait dépasser 10^{19} en un centimètre cube. Par suite de l'existence inévitable d'un échange gazeux entre les molécules gazeuses et les organismes, le nombre des organismes qui absorbent et dégagent les molécules gazeuses, organismes de dimensions comparables à celle des molécules, devrait augmenter à mesure que les dimensions des organismes deviendraient plus petites, avec une vitesse toujours plus grande, qui finirait par devenir invraisemblable.

Au point de vue de nos représentations actuelles, nous arriverons à une absurdité physique.

Si la limitation du nombre des individus contenus dans un centimètre cube, détermine les dimensions minima d'un organisme et pose ainsi la limite maxima de Δ et de v, les rapports constants et nécessaires entre le nombre des individus et celui des molécules gazeuses contenues dans le volume donné, les phénomènes de respiration jouent un rôle encore plus grand, se manifestent constamment dans les phénomènes de la multiplication.

La respiration règle évidemment tout ce processus à la surface terrestre, elle établit des rapports mutuels entre les nombres d'organismes de diverse fécondité, détermine d'une façon analogue à celle de la tempéra-

---

(1) Les microbes habitent un milieu gazeux qui, à $0°$ et 760 millimètres ne peut contenir plus de $2,7 \times 10^{19}$ molécules ; en présence de bactéries, le nombre de molécules gazeuses par centimètre cube doit être moindre. Un centimètre cube de liquide — habitat des microbes — doit contenir beaucoup moins de molécules gazeuses que 10^{19} : il ne peut contenir en même temps un nombre du même ordre de microbes.

ture la valeur de Δ que l'organisme peut atteindre en réalité ; c'est la respiration qui détermine Δ maximum, correspondant aux dimensions de l'organisme, et met obstacle à l'obtention des nombres stationnaires.

Dans le monde des organismes de la biosphère, une lutte effrénée pour l'existence se produit non seulement pour la nourriture, mais pour le gaz nécessaire, et cette dernière lutte est plus essentielle, car c'est elle qui règle la multiplication.

L'énergie géochimique maxima de la vie par hectare est déterminée par la respiration.

44. — L'effet de cet échange gazeux et de la multiplication des organismes qu'il détermine, est immense, considéré même à l'échelle de la biosphère.

La matière brute n'offre rien d'analogue, même à un degré éloigné.

Car, par suite de la multiplication, chaque matière vivante peut créer n'importe quelles quantités nouvelles de matière vivante. Le poids de la biosphère nous est inconnu, mais il ne comprend qu'une petite fraction non seulement du poids total de l'écorce terrestre, mais de la seule partie de cette écorce dont la matière prenne part aux phénomènes des cycles géochimiques, accessibles à notre étude directe, c'est-à-dire des 16 ou 20 kilomètres superficiels de l'écorce (§ 78) ; le poids de la matière des 16 kilomètres superficiels est égale à $2,0 \times 10^{25}$ grammes. Or, une quantité de matière organique beaucoup plus considérable, d'un poids égal à celui de l'écorce entière, peut être créée par la force de multiplication en un temps géologiquement insignifiant, momentané si le milieu ambiant n'y oppose d'obstacles.

Le vibrion du choléra et le *bacterium coli* peuvent donner cette masse de matière en 1,60 — 1,75 fois 24 heures. La diatomée verte *Nitzschia putrida*, organisme mixotrophe des vases marines, qui se nourrit de matière organique décomposée et qui en même temps, attire par son pigment vert et utilise le rayon solaire, peut donner $2,0 \times 10^{25}$ grammes de matière en 24 jours de 24 heures. C'est un des organismes verts qui se multiplient avec le plus de vitesse peut-être en raison du fait qu'il prend une partie des matières organiques toutes prêtes. Un des organismes dont la multiplication est la plus lente, l'éléphant indien, peut donner la même quantité de matière en 1.300 ans. Mais que sont les années et les siècles à l'échelle des temps géologiques, autrement dit des temps planétaires ? Il faut en outre, tenir compte du fait que les nouvelles masses égales à la même grandeur 2×10^{25} grammes devraient être obtenus par les éléphants en un temps bien court (en journées et non en années).

Ces nombres nous donnent une idée des forces qui se manifestent dans les phénomènes de la multiplication.

45. — Il est certain qu'en réalité aucun organisme ne donne de telles quantités de matière.

Cependant, le déplacement de masse d'un tel ordre dans la biosphère par la force de multiplication, même au cours d'une année, n'a rien de fantastique, et ces masses dépassent même ces grandeurs dans la réalité.

Ces nombres ne sont pas irréels dans la biosphère. Des manifestations vitales qui leur correspondent sont effectivement observées dans la nature ambiante.

Il est indubitable que la vie crée par la multiplication, au cours d'une année, des nombres d'individus et des masses de matière qui leur correspondent, de l'ordre de 10^{25} grammes et probablement bien des fois plus grandes.

Ainsi, à chaque moment donné, il existe dans la

biosphère $n \times 10^{21}$ — $n \times 10^{20}$ grammes de matière vivante. Cette masse de matière est toujours à l'état de mouvement : elle se décompose et se forme à nouveau, principalement, non par sa croissance, mais par sa multiplication. Des générations naissent dans des intervalles qui varient entre des dizaines de minutes et des centaines d'années. Elles renouvellent la matière englobée par la vie. La matière, qui existe de fait à chaque moment donné, ne constitue qu'une part insignifiante de celle créée en un an, car des quantités énormes se créent et se décomposent, même en l'espace de 24 heures.

Un équilibre dynamique se manifeste ici. Il est maintenu par une quantité de matière que l'esprit a peine à saisir. Il est évident qu'au cours même de 24 heures, des masses colossales de matière vivante se créent et se décomposent par la mort, la naissance, le métabolisme, la croissance, Qui peut mesurer le nombre des individus qui naissent et périssent continuellement ? C'est un problème encore plus difficile que le calcul des grains de sable, problème d'Archimède. Comment calculer les grains vivants dont la quantité varie et croît avec la marche des temps ?

D'innombrables individus s'agglomèrent et se transforment simultanément dans l'espace et dans le temps. Le nombre de ceux qui ont existé, ou existent pendant un temps bien court au point de vie humain, dépasse certainement plus de 10^{25} fois le nombre des grains de sable marin.

46. — LA MATIÈRE VIVANTE VERTE. — Par comparaison avec la force de multiplication, avec l'énergie géochimique de la matière vivante, les masses présentes à chaque moment dans la biosphère, 10^{20}-10^{21} grammes, semblent peu considérables.

Ces masses sont génétiquement liés dans leur existence avec la matière vivante verte, seule capable de capter l'énergie radiante du Soleil.

Nos connaissances actuelles ne nous permettent malheureusement pas d'évaluer la part du monde vert, des plantes dans toute la matière vivante. On ne peut donner qu'une notion très approximative du caractère quantitatif du phénomène.

On ne saurait affirmer que la matière vivante verte prédomine par sa masse, sur toute la surface terrestre, mais elle semble prédominer sur la terre ferme. Il est généralement admis que dans l'Océan c'est la vie animale, qui, par son volume, occupe quantitativement le premier rang.

Si même la vie animale hétérotrophe prédominait en fin de compte par sa masse dans toute la matière vivante, cette prédominance ne saurait être bien considérable.

La matière vivante n'est-elle pas distribuée en deux parts à peu près égales par leurs poids : la matière verte autotrophe et sa création, la matière hétérotrophe ? On est actuellement hors d'état de répondre à cette question. Toujours est-il que déjà, la matière verte seule donne des masses du même ordre, 10^{20}-10^{21} grammes, ordre qui est celui de toute la matière vivante.

47. — La structure d'un semblable transformateur vert de l'énergie solaire, est nettement différente sur la Terre ferme et dans la mer. Sur la Terre ferme prédomine une végétation herbacée phanérogame ; la végétation d'arbres constitue par son poids une part considérable, peut-être voisine de la première ; les algues vertes et d'autres plantes cryptogames, surtout les protistes, tiennent le dernier rang. Dans l'Océan, prédominent les organismes verts unicellulaires microscopiques ; les herbes, telles que les zostera et les grandes algues, composent par leur poids

une part moins considérable de la vie végétale ; elles sont concentrées près des rivages et dans les points peu profonds accessibles aux rayons solaires ; leurs agglomérations flottantes, comme celles des sargasses de l'Océan Atlantique, se perdent dans l'immensité des parages océaniques.

Les métaphytes vertes prédominent sur la terre ferme ; parmi celles-ci, ce sont les herbes qui se multiplient avec le plus de vitesse, elles possèdent la plus grande énergie géochimique. La vitesse de transmission de la vie de la végétation des arbres semble moindre. Les protistes verts prédominent dans l'Océan.

Il est douteux que la vitesse v dépassa pour les métaphytes des centimètres par seconde ; cette vitesse atteint des milliers de centimètres pour les protistes verts, et dépasse des centaines de fois la force de multiplication des métaphytes. Ce phénomène démontre nettement la différence entre la vie marine et la vie terrestre. Bien que la vie verte soit peut-être moins dominante dans la mer que sur la Terre ferme, la quantité globale de vie verte dans l'Océan, par suite de la prédominance de celui-ci sur notre planète, dépasse néanmoins par sa masse la végétation de Terre ferme.

Les protistes verts de l'Océan sont les principaux transformateurs de l'énergie solaire lumineuse en énergie chimique sur notre planète.

48. — Ce caractère énergétique de la végétation verte de la Terre ferme qui la distingue de la végétation de la mer peut s'exprimer d'une autre façon en nombre exacts.

La formule $2^{n\Delta} = N_n$ (§ 34) donne l'accroissement de l'organisme en 24 heures (α) par la multiplication ; prenons *un* organisme initial, nous aurons pour lui le premier jour, où $n = \alpha$:

$$2^{\Delta} - 1 = \alpha.$$

D'où : $2^{\Delta} = \alpha + 1$ et $2^{n\Delta} = (\alpha + 1)^n.$

La grandeur α est une constante pour chaque espèce ; elle exprime l'accroissement en 24 heures du nombre des individus ramené à un seul, autrement dit d'un seul individu théorique.

La grandeur $(\alpha + 1)^n$ exprime évidemment le nombre des individus créés par la multiplication le n-ème jour : $(\alpha + 1)^n = N_n.$

L'exemple suivant montre la portée de ces nombres. Selon M. Lohmann, la multiplication moyenne du plancton, en tenant compte de sa destruction et de son assimilation par d'autres organismes, peut être exprimée par la constante $\alpha + 1$, égale à 1.2996. La même constante pour une récolte moyenne de froment en France est égale à 1.0130. Ces grandeurs répondent à la valeur moyenne idéale d'un organisme de froment ou de plancton après 24 heures de multiplication. Ainsi le rapport entre le nombre d'individus du plancton et celui du froment au bout des 24 premières heures après le commencement de la multiplication est égal à

$$\frac{1.2996.}{1.0290.} = 1.2829 = \delta$$

Ce rapport multiplié toutes les 24 heures par δ, sera donc le n^e jour δ^n

Le vingtième jour, sa valeur sera de 145,9 ; le centième jour le nombre des individus du plancton devra dépasser $6{,}28 \times 10^{10}$ fois le nombre des individus du froment. Dans une année, si l'on considère que la multiplication du froment s'arrête nécessairement quelques mois, cette différence δ^{365} atteindra le nombre astronomique $3{,}1 \times 10^{39}$. Sans doute, devant une telle différence d'intensité de multiplication, la différence de poids disparaît entre une plante herbacée adulte de Terre ferme pesant quelques dizaines de grammes, et un organisme microscopique de planctons pesant quelques multi-millionièmes de grammes :

$$(n \times 10^{-6} - n \times 10^{-10} \text{ grammes}).$$

Le monde vert vivant océanique donne un résultat semblable par suite de la vitesse de la circulation de sa matière. La force qui lui vient du rayon solaire lui permettrait de créer en des dizaines de jours, en 50-70 jours, et peut-être plus rapidement encore, une masse de matière équivalente en poids à l'écorce terrestre (§ 44). La végétation herbacée de la terre ferme pourrait donner la même quantité maxima de matière en quelques années, le *Solanum nigrum* par exemple en cinq ans environ.

Il importe toutefois de ne pas perdre de vue que ces nombres ne sauraient donner une idée précise du rôle de la végétation herbacée et du plancton vert dans la biosphère. Il faut pour les comparer ainsi, les prendre à des intervalles de temps identiques à partir du commencement du processus et se souvenir que la différence croît rapidement avec le cours du temps.

Ainsi, tandis que le *Solanum nigrum* donnerait en 5 ans $2,10^{25}$ grammes de matière, le plancton vert devrait donner dans ce même intervalle des quantités qu'il serait difficile d'exprimer en nombres concevables pour notre esprit. Dans l'intervalle de temps suivant, beaucoup moins long, nécessaire à la végétation herbacée pour former la même quantité de matière, le plancton vert donnerait des nombres encore plus grands, et moins concevables.

49. — La différence entre la matière vivante verte de Terre ferme et celle de mer n'est pas accidentelle.

C'est le rayon solaire qui la produit par son action diverse sur l'eau liquide et transparente d'une part, et la terre solide et opaque de l'autre. Le monde du plancton, qui se multiplie avec l'intensité indiquée et développe une énergie géochimique active maxima, ne caractérise pas seulement les parages océaniques, le plancton règle aussi la manifestation géochimique de toute la vie aqueuse de la terre ferme.

La grandeur δ^n peut donner une idée de la différence d'énergie que possèdent les matières vivantes que nous comparons, mais leur énergie géochimique se manifeste aussi par la masse et le poids des individus créés. La masse de la matière vivante créée est déterminée par le produit du nombre de ces individus et de leur poids moyen p, soit :

$$M = p\,(1 \times \alpha)^n.$$

Ce n'est que dans le cas où les petits organismes pourraient réellement produire une plus grande masse de matière dans la biosphère, que leur situation, qui résulte des principes généraux de l'énergétique, deviendrait plus avantageuse que celle des gros organismes.

Car tout système atteint un équilibre stable lorsque son énergie libre devient nulle ou presque, lorsqu'elle se réduit au minimum dans les conditions données, c'est-à-dire quand tout le travail possible dans les conditions du système se produit. Tous les processus de la biosphère et généralement de l'écorce terrestre, ainsi que leur aspect général, sont réellement déterminés par les conditions d'équilibre des systèmes mécaniques auxquels ils peuvent être ramenés.

Le rayon solaire (la radiation solaire), joint à la matière vivante verte de la biosphère, constitue un système de cette espèce. Lorsque le rayon solaire aura produit dans la biosphère un travail maximum et y créera une masse maxima possible d'organismes verts, un tel système sera dans un état d'équilibre stable.

Le rayon solaire ne peut pénétrer profondément la matière de la Terre ferme ; il rencontre partout des corps opaques qui l'absorbent ; c'est pourquoi la couche de matière verte créée par lui est très limitée.

Les grosses plantes, herbes et arbres, ont alors pour leur développement tous les avantages sur les protistes verts. Elles finissent par créer une plus grande quantité de matière vivante tout en y mettant plus de temps. C'est l'effet des propriétés du milieu. Les organismes unicellulaires ne peuvent produire qu'une très mince couche de matière vivante à la surface de la Terre ferme : ils y atteignent bientôt les limites de leur développement, l'état stationnaire (§ 37), et constituent, dans le système « rayon solaire — Terre ferme » pris dans son ensemble, une forme instable, car la végétation herbacée et boisée de la Terre ferme, malgré la réserve moins considérable d'énergie géochimique propre à son mécanisme, peut dans ces conditions fournir un travail plus considérable, et produire une quantité supérieure de masse vivante.

50. — On voit à chaque pas la répercussion de ce phénomène. Aux premiers jours du printemps, quand la vie s'éveille dans la steppe, celle-ci se couvre en quelques jours d'une mince couche d'algues unicellulaires, principalement de gros nostocs qui se développent rapidement. Ce revêtement vert disparaît bientôt, pour faire place à une végétation herbacée qui croît lentement et possède une énergie géochimique moins intense ; néanmoins, par suite des propriétés de la matière solide et opaque de la terre ferme, c'est l'herbe et non le nostoc (bien que celui-ci la surpasse en énergie géochimique), qui finit par prendre le dessus.

L'écorce des arbres, les pierres, le sol, se recouvrent partout de protocoques qui se développent rapidement. Les jours humides, ils transforment en quelques heures des cellules pesant quelques millionièmes de milligrammes en masses vivantes correspondant à des décigrammes ou des grammes. Ici, leur développement s'arrête, même dans les conditions les plus favorables des pays à climat humide. Ainsi. les troncs d'arbres (dans les plantations de platanes en Hollande), sont tous recouverts d'une couche continue de protocoques en équilibre stable, car leur développement ultérieur est arrêté par l'opacité de la matière sur laquelle ils habitent. Tout autre est le sort de leurs parents aqueux, qui se développent librement en milieu transparent d'un volume de centaines de mètres.

Les herbes et les arbres ont créé leur forme selon les principes de la mécanique énergétique ; ils se sont élevés en un milieu nouveau, transparent, accessible à la lumière solaire, la troposphère ; les unicellulaires n'ont pu les suivre dans cette voie. L'aspect même des herbes et des arbres, la variété infinie de leurs formes, accusent la même tendance à produire le travail maximum, à obtenir la quantité maxima de masse vivante.

Pour réaliser ce but, ils ont créé un nouveau milieu, de la vie, le milieu aérien.

51. — Dans l'Océan et dans l'eau, les conditions sont tout à fait autres. Le rayon solaire pénètre à des centaines de mètres de profondeur ; par la supériorité de son énergie géochimique sur celle des herbes vertes et des arbres, l'algue unicellulaire verte peut créer dans un espace de temps identique une quantité incomparablement plus grande de masse vivante, que la matière verte de la Terre ferme.

L'énergie du rayon solaire y est utilisée en perfection ; c'est l'organisme vert infime, et non les grosses plantes, qui y constitue une forme vitale stable. On y observe en conséquence et par suite de mêmes causes, une abondance exceptionnelle de vie animale qui assimile rapidement le plancton vert et lui permet ainsi de transformer en masse vivante une quantité d'énergie solaire radiante toujours plus grande.

52. — Ainsi, non seulement le rayon solaire porteur de l'énergie cosmique met en mouvement le mécanisme de la transformation de celle-ci en énergie chimique terrestre, mais il crée la forme même des transformateurs, dont l'ensemble apparaît sous l'aspect de la nature vivante. La force cosmique lui prête un aspect différent sur la terre ferme et dans l'eau, cette même force change ses structures, en déterminant les rapports quantitatifs qui existent entre divers organismes autotrophes et hétérotrophes. Ces phénomènes soumis aux lois de l'équilibre, doivent partout et nécessairement, être exprimés en nombres qu'on commence à peine à connaître.

Cette force cosmique détermine la pression de la vie, provenant de la multiplication (§ 27). On peut considérer cette pression comme la transmission de la force solaire à la surface terrestre. En fait cette pression se fait incessamment sentir dans la vie civilisée. L'homme, en changeant l'aspect de la nature vierge, en débarrassant certaines régions de la Terre ferme de sa végétation verte, doit à chaque pas opposer une résistance à la pression de la vie, exercer un effort, dépenser une énergie équivalente à cette pression, produire du travail. Dès que l'homme cesse de dépenser des forces et des ressources pour défendre ses édifices, débarrassés de végétation verte, ceux-ci sont aussitôt étouffés par une masse d'organismes verts. Ces organismes s'emparent à tout moment, partout où il leur est possible, de toute la surface que l'homme leur avait enlevée.

Cette pression se manifeste dans *l'ubiquité de la vie.*

Il n'existe pas de régions qui en aient été toujours et complètement dénuées ; nous rencontrons des vestiges de vie sur les rochers les plus arides, les champs couverts de neige et de glace, les espaces sablonneux et pierreux. Des organismes végétaux y sont mécaniquement apportés, une vie microscopique y prend incessamment naissance, puis disparaît, des animaux mobiles y viennent en passant, y vivent et s'y installent. Parfois on observe même des condensations de vie, des régions richement animées ; mais ce n'est pas un monde vert de transformateurs. Des oiseaux, des bêtes, des insectes, des araignées, des bactéries, parfois des protistes verts, constituent le peuplement de ces régions qui paraissent inanimées, mais ne sont effectivement azoïques que par rapport au monde vert « immobile » des plantes. Il importe de placer de front avec ces régions celles de nos latitudes où la vie verte disparaît temporairement, les revêtements de neige, l'engourdissement hivernal de la photosynthèse.

Des phénomènes de cette espèce ont existé sur notre planète au cours de toutes les époques géologiques. Ils ont toujours été strictement limités. La vie a toujours tendu à s'en rendre maîtresse, à s'adapter à l'existence dans leurs conditions.

Chaque place vide dans la nature vivante, quelle qu'en soit la cause, se remplit nécessairement au cours du temps. Une flore et une faune souvent nouvelles, peuplent les bassins aquatiques ou les espaces terrestres azoïques et nouvellement formés. Dans les conditions nouvelles, des espèces et sous-espèces jadis inconnues, s'élaborent au cours des temps géologiques. Il est curieux et important de noter qu'on retrouve dans la structure de ces organismes d'une forme nouvelle, dans la structure de leurs ancêtres, des propriétés préformées, indispensables aux conditions spécifiques du milieu nouveau (L. Cuénot). Cette préformation morphologique n'est que la manifestation des mêmes principes énergétiques de la pression de la vie, principes dont l'ubiquité de la vie est aussi la manifestation.

A chaque moment donné de l'existence de la planète, les surfaces azoïques ou pauvres en vie ont une étendue limitée. Mais elles existent toujours, plus prononcées pour la Terre ferme que pour l'hydrosphère. La cause d'une telle restriction de l'énergie géochimique vitale nous est inconnue, nous ignorons s'il existe une corrélation déterminée et infranchissable entre les forces terrestres contraires à la vie, d'une part, et la force du rayon solaire ou des propriétés inconnues de ses rayonnements, de l'autre.

53. — L'adaptation des plantes vertes en vue d'attirer l'énergie cosmique ne se manifeste pas seulement par leur multiplication. La photosynthèse se produit principalement dans les petites plastides microscopiques, plus petites que les cellules dans lesquelles elles se trouvent. Des myriades de ces petits corps verts sont dispersés dans les plantes et leur donnent l'apparence de la couleur verte.

En examinant n'importe quel organisme vert, on peut nettement distinguer, dans les détails et les traits généraux son adaptation pour attirer *tous* les rayonnements solaires lumineux qui lui sont accessibles. La surface des feuilles vertes de chaque organisme végétal séparé, est d'une grandeur maxima, et leur distribution dans l'espace est organisée de façon que, pas un seul rayon de lumière n'échappe à l'appareil microscopique de la transformation de l'énergie qui le capte. Le rayon, en tombant sur la Terre, rencontre partout l'organisme qui le guette. Ce mécanisme est mobile, et surpasse en perfection les mécanismes créés par notre volonté et notre intelligence.

Ce fait détermine la structure de la végétation ambiante. La surface des feuilles des forêts et des prairies est plusieurs dizaines de fois plus grande que celle des plantations, la surface des feuilles des prés de nos latitudes 22 à 38 fois, celle d'un champ de luzerne blanche 85,5 fois, d'une forêt de hêtres 7,5 fois, etc. Le monde organique étranger qui remplit lors de la croissance des grosses plantes les intervalles vides, n'est pas pris en considération dans ces calculs. Dans nos forêts, les arbres sont renforcés par la végétation herbacée du sol, par les mousses et les lichens, qui montent sur leurs troncs, par les algues vertes des régions humides, qui les recouvrent et s'épanouissent dans des conditions tant soit peu favorables de chaleur et d'humidité. Dans les champs cultivés qui couvrent la plus grande partie de la Terre ferme, ce n'est que par un plus grand effort et une dépense considérable d'énergie — et seulement dans des cas exceptionnels, — que l'homme atteint une homogénéité quelque peu parfaite de ses cultures : la mauvaise herbe verte y pousse toujours.

Avant l'apparition de l'homme, cette structure se manifestait dans la nature vierge de manière plus prononcée. Nous pouvons encore aujourd'hui, étudier scientifiquement ses vestiges. Dans les régions non cultivées de « steppe-vierge », qui subsistent intactes dans la Russie méridionale, on peut observer un équilibre naturel établi depuis des siècles, qui aurait pu rapidement être rétabli partout, si l'homme n'avait opposé l'action de sa volonté et de son intelligence. J. Paczoski (1903) décrit la steppe de « kovyl » ou « tyrsa », stipa capillata) de Cherson : « c'était l'impression de la mer ; on n'apercevait aucune végétation en dehors de la stipa (tyrsa), qui s'élevait jusqu'à la ceinture d'un homme adulte et plus haut ; l'ensemble de la végétation vierge recouvrait, souvent de façon presque continue toute la surface de la terre, la protégeait de son ombre, contribuant ainsi à la conservation de l'humidité sur le sol même. Cela permettait aux lichens et aux mousses, demeurées vertes au cœur même de l'été, de pousser entre les touffes de feuilles et sous leur protection. »

Les anciens naturalistes décrivaient de même les savanes, jadis vierges, de l'Amérique méridionale. F. d'Azara (1781-1801) écrit que les plantes étaient « si touffues, que l'on n'apercevait la terre que dans les chemins, dans les ruisseaux ou dans quelque ravin creusé par les eaux. »

Ces steppes et ces savanes vierges imprégnées de matière verte se sont conservées par échappées. Les champs verts de l'homme civilisé les ont remplacées.

Sous nos latitudes, les herbes vertes poussent périodiquement ; leur vie est liée par un lien étroit à un phénomène astronomique, la rotation de la Terre autour du Soleil.

54. — On observe partout, dans tous les autres phénomènes de la vie végétale, le même tableau de saturation de la surface terrestre par la matière verte. Les broussailles forestières des régions tropicales et subtropicales, la taïga des latitudes septentrionales et tempérées, les savanes, les toundras ne sont, tant que la main de l'homme n'y a pas touché, que des formes variées du revêtement dont la matière verte, de façon permanente ou périodique, recouvre notre planète. L'homme seul transgresse l'ordre établi : on ne saurait néanmoins affirmer s'il amoindrit l'énergie géochimique ou distribue seulement d'une autre façon les transformateurs verts.

Partout et toujours, les associations végétales et les

diverses formes des plantes isolées sont destinées à capter à maintes reprises le rayon solaire, à ne pas lui permettre d'échapper aux plastides vertes chlorophylliennes. Il est certain qu'il ne peut généralement tomber sur la surface terrestre (sauf dans les régions constamment ou temporairement azoïques) sans traverser une superficie de matière vivante, qui dépasse jusqu'à une centaine de fois la surface du milieu stérile de matière brute qu'il aurait éclairé en tombant directement sur elle.

55. — La Terre ferme comprend la moins grande partie, 29,2 pour 100 de la face terrestre. La partie principale est occupée par la mer. C'est dans la mer que se concentre la masse principale de la matière vivante verte, transformateur essentiel de l'énergie solaire lumineuse radiante en énergie chimique terrestre active.

La couleur verte de la matière vivante concentrée dans la mer n'est ordinairement pas perçue ; cette matière est dispersée en myriades d'algues vertes unicellulaires microscopiques qui pénètrent partout. Elles nagent librement, en s'agglomérant parfois, se divisant d'autres fois sur la surface infinie de l'Océan qui compte des millions de kilomètres carrés. Elles pénètrent partout où pénètre le rayon solaire, jusqu'à une profondeur de 400 mètres ; tantôt elles sont emportées par des courants superficiels, tantôt elles descendent avec les courants verticaux, mais leurs masses principales sont concentrées à une profondeur de 20 à 50 mètres. Elles montent et descendent, et se trouvent en mouvement perpétuel. Leur multiplication, qui varie selon la température et d'autre condition, devient plus ou moins intense suivant la rotation de la planète autour du Soleil.

Il est hors de doute qu'ici également, le rayonnement lumineux du Soleil est utilisé *en entier*. Les algues vertes, bleues, brunes, rouges se succèdent en ordre régulier dans leur habitat selon la profondeur ; les phycochromacées rouges utilisent les dernières traces de lumière solaire non absorbée par l'eau, ses rayons bleus. Comme le démontre W. Engelmann, toutes ces algues de différentes couleurs sont appropriées à une photosynthèse maxima dans les conditions des rayonnements lumineux propres au domaine de leur vie.

Une telle succession d'organismes dans l'ordre de la profondeur est observée partout dans l'hydrosphère. Par endroits sur les rivages ou près des bas-fonds ou dans les structures particulières, liées à l'histoire géologiques telles que la mer de Sargasse de l'Océan Atlantique, le plancton invisible à l'œil nu est intensifié par d'immenses champs flottants ou des forêts d'algues par fois gigantesques et d'herbes, laboratoires chimiques d'énergie bien plus puissants que les plus grands massifs forestiers de la Terre ferme.

Mais la surface qu'ils occupent tous n'est pas considérable : son ordre de grandeur ne dépasse pas quelques centièmes de la surface totale du seul plancton.

56. — En fin de compte, la plus grande partie de la surface de notre planète, l'hydrosphère, est toujours couverte d'une couche ininterrompue de transformateurs verts de l'énergie cosmique ; cette couche se retrouve aussi continuellement sur la plus grande partie des continents ; elle se forme régulièrement sur leurs autres parties à certaines époques de l'année. Les endroits où ne pousse aucune végétation verte, pauvre en vie, les glaciers ou les espaces azoïques-privés de vie, forment à peine 5 à 6 pour 100 de la surface terrestre totale. Même en les prenant en considération, la couche de matière verte qui couvre la superficie terrestre occuperait une surface qui non seulement la surpasserait considérablement, mais

correspondrait de par l'ordre de sa manifestation aux phénomènes cosmiques planétaires.

Il est hors de doute que même sur la Terre ferme, la superficie de la couche verte absorbant les rayons solaires surpasse en moyenne plus de cent fois, lors de sa manifestation maxima, la surface terrestre couverte de végétation. L'énorme superficie verte de l'Océan mondial, composée d'un ensemble puissant — de 400 mètres environ — de couches superposées d'algues unicellulaires excède la superficie de l'Océan. Sur le passage du rayon solaire se crée une surface continue de transformateurs chlorophylliens microscopiques, supérieure ou sensiblement égale à celle de Jupiter la plus grande planète du système solaire. La surface de la Terre est de $5,1 \times 10^8$ kilomètres carrés ; celle de Jupiter de $6,3 \times 10^{10}$ kilomètres carrés ; en admettant que 5 pour 100 de la surface de notre planète soit dépouillée de végétation verte, et que la surface qui absorbe le rayon solaire doive être agrandie, par suite de la multiplication de sa végétation verte, de 100 à 500 fois, la surface verte, dans sa manifestation maxima, correspond à $5,1 \times 10^{10} - 2,55 \times 10^{11}$ kilomètres carrés.

Il est peu probable que ces nombres soient accidentels et que le mécanisme en question ne soit pas en relation étroite avec la structure cosmique de la biosphère. Il doit se trouver en rapport avec le caractère et la quantité de la radiation solaire.

La surface de la Terre représente un peu moins de 10^{-8} pour 100 de celle du Soleil ($8,6 \times 10^{-8}$ pour 100). La surface verte de son appareil transformateur donne déjà des nombres d'un autre ordre, qui s'élèvent à $0,86 - 4,2$ pour 100 de la surface du Soleil.

57. — L'ordre de ces nombres correspond évidemment à celui de la partie de l'énergie solaire accaparée

dans la biosphère par la matière vivante verte. Cette coïncidence pourrait servir de point de départ pour les tentatives d'une explication au verdissement de la Terre.

L'énergie solaire absorbée par les organismes ne constitue qu'une petite partie de celle qui tombe sur la surface terrestre ; celle-ci ne reçoit de son côté qu'une fraction insignifiante de tous les rayonnements du Soleil. Selon S. Arrhénius, la Terre ne reçoit du Soleil que $1,66 \times 10^{21}$ grandes calories par an, tandis que le Soleil en dégage annuellement 4×10^{30}.

Cette énergie cosmique est la seule dont on puisse tenir compte en l'état actuel de nos connaissances. Il est peu probable que la radiation de toutes les étoiles atteignant la surface terrestre dépasse sensiblement $3,1 \times 10^{5}$ pour 100 de celle du Soleil, comme I. Newton l'a déjà démontré. Prenant en considération la radiation de toutes les planètes et de la Lune, dont une grande partie est un rayonnement solaire réfléchi, la part d'énergie que la Terre obtient ainsi n'atteindra pas 1/100 pour 100 de l'énergie totale que la surface terrestre reçoit du Soleil.

Une part considérable de cette énergie est absorbée par l'enveloppe terrestre supérieure, l'atmosphère ; 40 pour 100 seulement, $6,7 \times 10^{20}$ calories, atteignent la surface terrestre et se trouvent ainsi à la disposition de la végétation verte.

Les processus thermiques de l'écorce terrestre, et le régime thermique de l'Océan et de l'atmosphère absorbent la part principale de cette énergie. La matière vivante en absorbe aussi une part considérable sous forme thermique, que nous n'évaluons pas dans le bilan du travail chimique de la vie. Mais il va sans dire que cette énergie joue un rôle immense dans la *création de la vie* dans la biosphère. Cependant, cette énergie ne se manifeste pas de façon directe par la création de *nouveaux composés chimiques* qui importent seuls dans l'évaluation du travail chimique de la vie.

La végétation verte n'utilise pour le travail chimique, pour la création de composés organiques instables dans le champ thermodynamique de la biosphère (§ 89), que des raies déterminées, distribuées dans la partie du spectre entre 670-735 $\mu\mu$ (MM. Dongeard et Deroche, 1910-1911). Les autres raies (entre 300 et 770 $\mu\mu$), bien que non négligeables dans ces photosynthèses, n'exercent qu'une action relativement peu considérable.

En rapport avec ce fait, et non avec l'imperfection de l'appareil de transformation, la plante verte n'utilise qu'une petite part de la radiation solaire qui tombe sur elle. Selon J. Boussingault, le champ vert cultivé peut absorber 1 pour 100 de l'énergie solaire qu'il reçoit en la convertissant en matière organique combustible. S. Arrhénius estime que cette grandeur peut atteindre 2 pour 100 en culture intense. Selon H. Brown et Escombes, d'après des observations directes, elle atteint pour la feuille verte, la proportion 0,72 pour 100. La surface couverte de forêts utilise à peine 0,33, en prenant pour point de départ les calculs basés sur le ligneux.

58. — Ce sont là des nombres indubitablement minima et non maxima.

Dans le calcul de J. Boussingault, et même avec la correction de S. Arrhénius, la végétation seule de la terre ferme est prise en considération. On suppose en outre que nous augmentons effectivement la fertilité du sol par la culture et que nous ne créons pas seulement des conditions favorables pour une plante cultivée déterminée, en détruisant simultanément la vie d'autres plantes inutiles. Ces calculs ne tiennent nécessairement pas compte de la vie de la

« mauvaise herbe » ou de la végétation microscopique, qui n'est pas sans bénéficier également des conditions favorables de l'engrais et de la culture. Outre les champs, nous avons sur la terre ferme d'autres condensations vertes, riches en vie : les marais, les forêts humides et les prairies humides qui surpassent en quantité de vie les plantations de l'homme (§ 150 et suiv.).

Il semble qu'en moyenne la végétation verte donne sur l'unité de surface marine (un hectare), où sa masse principale est condensée, des nombres du même ordre que sur l'unité de terre ferme. La quantité annuelle plus grande, de la matière vivante créée dans la mer est déterminée par la plus grande intensité de sa multiplication (§ 51). La matière végétale est assimilée par le monde animal avec la même rapidité que celui-ci est créé par multiplication. Des agglomérations de vie animale sans chlorophylle, sont ainsi formées dans le plancton et le benthos de l'Océan, à une échelle rarement observée sur la terre ferme, si toutefois elle le fut jamais.

Mais dussions-nous agrandir de beaucoup ce nombre minimum d'Arrhénius, la correction de l'ordre du phénomène indiqué par cet auteur est dès maintenant évidente.

La matière verte absorbe quelques centièmes de l'énergie solaire radiante qui atteint plus de 2 pour 100, semble-t-il.

Ces 2 pour 100 tombent dans les limites 0,8 à 4,2 pour 100 de la surface solaire, à laquelle répond la surface verte de transformation de la biosphère (§ 56), car les plantes vertes n'ont à leur disposition que 40 pour 100 de l'énergie solaire totale qui atteint la planète; les 2 pour 100 qu'elles utilisent correspondent à 0,8 pour 100 de l'énergie solaire totale.

59. — On ne peut expliquer cette coïncidence autrement qu'en admettant l'existence d'un appareil dans le mécanisme de la biosphère utilisant complètement et jusqu'au bout, une partie déterminée de l'énergie solaire. La surface terrestre verte de la transformation créée par l'énergie de la radiation sera, dans ce cas, égale à la partie de l'énergie solaire, formée par les rayonnements d'ondes déterminées, capables de produire sur la Terre un travail chimique.

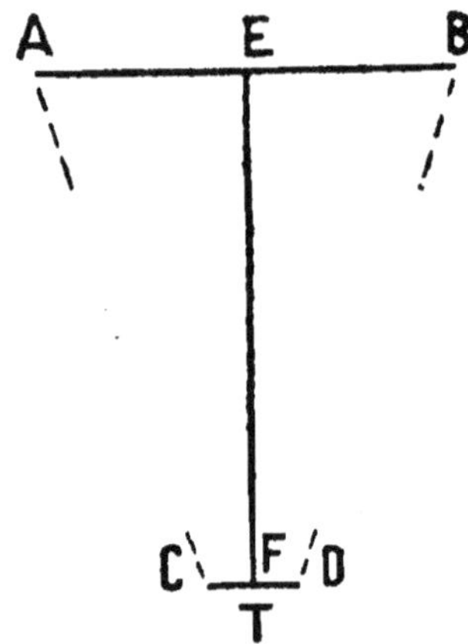

FIGURE I.

On peut représenter la superficie rayonnante du Soleil, douée d'une rotation rapide, superficie éclairant de manière continue notre planète, par une certaine surface lumineuse plane d'une longueur AB. (Voir la fig. I). Des vibrations lumineuses se dirigent incessamment de chaque point de cette surface sur celle de la Terre. Seuls, quelques centièmes de *m* pour 100 de ces vibrations, ondes d'une longueur déterminée peuvent, avec l'aide de la matière vivante verte, se convertir en énergie chimique active de la biosphère.

La superficie de la Terre, avec son mouvement rotatoire rapide et incessant, peut être aussi représentée par une surface plane éclairée par les rayons solaires. Etant donné l'énormité et la longueur du diamètre solaire par comparaison avec celui de la Terre, et la distance de la Terre au Soleil, cette surface sera évidemment exprimée sur la figure par un point T. Ce point peut être considéré comme un foyer de rayons solaires partant de la surface lumineuse AB. L'appareil vert de la transmutation énergétique se compose dans la biosphère d'une très fine couche de grains organisés, les plastides à chlorophylle. Leur action est proportionnelle à leur surface, car la couche de matière à chlorophylle devient très vite opaque par rapport aux rayonnements chimiques qu'elle transforme. Si l'on prend en considération la surface plane réelle des plastides éclairées par les rayonnements, la transformation maxima de l'énergie solaire par les plantes vertes se produira lorsque existera sur la terre un récipient de lumière, d'une surface plane au moins égale à *m* pour 100 de la surface lumineuse (plane) du Soleil. Dans ce cas, tous les rayons nécessaires à la Terre seront absorbés par l'appareil à chlorophylle.

Sur la figure, CD correspond au diamètre d'un cercle dont la surface est égale à 2 pour 100 de la superficie solaire (1); AB au diamètre d'un cercle dont la

---

(1) Sur la figure les surfaces sont réduites à des aires, le rayon de l'aire égale à la surface du soleil est pris pour unité. Ces rayons sont :
Le rayon de l'aire égale à la surface du Soleil,
$$Y = 4.3952 \times 10^6 \text{ kilomètres} = 1$$
Ibid. pour la Terre...
$$Y_1 = 1.2741 \times 10^4 \text{ kilomètres} = 0.00918.$$
Ibid. pour 2 pour 100 de la surface du soleil,
$$Y_2 = 1.9650 \times 10^5 \text{ kilomètres} = 0.14148.$$
Ibid. pour 0,8 pour 100 de la surface du soleil,
$$Y_3 = 1.2425 \times 10^5 \text{ kilomètres} = 0.08947.$$
La distance moyenne de la Terre au Soleil exprimée à la même échelle sera égale à 215 = 1.4950×10^8 kilomètres.

surface est égale à toute la superficie rayonnante du soleil ; CD au diamètre d'un cercle dont la surface est égale à l'ensemble des plastides, récepteurs des rayonnements solaires ; T est le point correspondant à la surface de la Terre.

Il existe probablement des rapports ignorés entre la radiation solaire, son caractère (le pourcentage *m* des rayons chimiquement actifs dans la biosphère), la surface plane de la végétation verte et celle des parties azoïques. Il s'ensuit de là que le caractère cosmique de la biosphère doit se faire sentir profondément dans sa structure ainsi formée.

60. — La matière vivante retient toujours dans ses créations, les organismes vivants, de l'énergie rayonnante qu'elle reçoit. C'est une quantité répondant à celle des organismes. L'ensemble des faits empiriques indique que non seulement la *quantité de vie* qui existe à la surface terrestre, demeure immuable durant de courts intervalles, mais qu'elle n'y subit presque aucune modification, qu'elle *y demeure même constante* (1) *à travers les périodes géologiques*, de l'archéozoïque jusqu'à nos temps.

Les masses de la matière vivante des organismes vivants, sont formées par l'énergie rayonnante du Soleil.

Ce fait prête une grande importance à la généralisation empirique de la constance de la masse de la matière vivante dans la biosphère, en la rattachant au phénomène astronomique de l'intensité du rayonnement solaire. Il n'est pas possible de constater des déviations de quelque importance de cette intensité au cours des temps géologiques, et même le lien étroit qui rattache l'élément principal de la vie, la matière

(1) C'est-à-dire qu'elle oscille aux environs de l'état statique stable comme dans tous les équilibres.

vivante verte, aux rayonnements solaires, aux ondes d'une longueur déterminée, et le mécanisme de la biosphère qu'on commence à concevoir comme approprié à leur utilisation complète par la végétation verte, offrent une nouvelle indication indépendante de la constance de la quantité de la matière vivante dans la biosphère.

61. — On peut évaluer la quantité d'énergie captée à chaque instant sous forme de la matière vivante. Selon S. Arrhénius, la végétation verte (ses composés combustibles) comporte en une année $2,4 \times 10^{-2}$ pour 100 de l'énergie solaire totale, qui atteint la biosphère, soit 1.6×10^{17} grandes calories.

C'est un nombre très élevé, considéré même à l'échelle planétaire. Il semble qu'il doit être encore augmenté. Nous avons essayé de démontrer ailleurs (1), que la masse organique calculée par S. Arrhénius comme provenant du travail annuel du Soleil, devrait être agrandie au moins dix fois, et peut-être plus encore. Il est probable que plus de 0,25 pour 100 de l'énergie solaire recueillie par la biosphère demeure constamment (annuellement) en réserve dans la matière vivante, dans ses composés, dont l'état stable dans un champ thermo-dynamique particulier diffère de celui de la matière brute de la biosphère.

L'effet énergétique de la vie annuelle en question, exprimé sous cette forme de matières vivantes créées au cours d'une année (0,25 pour 100 de l'énergie solaire) ne comporte qu'une petite partie de l'énergie solaire transformée par la vie au cours de la même année en énergie chimique terrestre active. La vie crée des organismes nouveaux (par reproduction), mais en

(1) W. Vernadsky, *La Géochimie*, P. 1924, p. 308.

outre, des composés chimiques, par exemple l'oxygène libre. Les organismes créés par la multiplication vitale sont sans cesse reconstitués et meurent avant la fin de l'année. On l'a vu plus haut (§ 45) : des masses énormes d'éléments demeurent en migration au cours de l'année, masses qui dépassent nombre de fois le poids de l'écorce terrestre dont l'épaisseur est de 16 kilomètres, c'est-à-dire des quantités multiples de l'ordre de 10^{25} grammes.

Autant qu'on en peut juger, l'apport énergétique de la vie dans la biosphère, sous forme d'organismes verts, demeurés vivants à la fin de l'année, ne dépasse pas de beaucoup l'énergie que la matière vivante entière retient toujours dans son champ thermodynamique. Elle ne garde pas en elle, sous forme de composés combustibles, moins de 1×10^{18} grandes calories et ne dépense pas annuellement pour le travail de leur nouvelle création et de leur reconstruction moins de 2 pour 100 de l'énergie qui tombe sur la surface de la Terre et de l'Océan, soit moins de $1{,}5 \times 10^{19}$ grandes calories. Si même l'étude ultérieure augmentait ce nombre, il est peu probable que l'ordre de ce dernier, 10^{19} calories, se modifierait.

La quantité de la matière vivante demeurant constante au cours de tous les temps géologiques, l'énergie qui se rattache à sa partie combustible, peut être considérée comme toujours inhérente à la vie. Dès lors $n \times 10^{19}$ grandes calories par an exprimera l'énergie transmise annuellement par la vie dans la biosphère sous forme d'organismes vivants.

62. — Quelques remarques sur la matière vivante dans le mécanisme de la biosphère. — La matière vivante verte, malgré toute son importance, n'embrasse pas toutes les manifestations essentielles de la vie dans la biosphère.

La chimie de la biosphère est toute pénétrée par les phénomènes de la vie, par l'énergie cosmique absorbée par elle, et ne peut être comprise même dans ses traits les plus généraux sans que la place occupée par la matière vivante dans le mécanisme de la biosphère soit mise en lumière. Mais cette chimie ne se rattache que partiellement au monde végétal vert.

Le mécanisme en est insuffisamment connu; cependant on peut indiquer certaines régularités, que nous devons considérer comme des généralisations empiriques.

Certes, nos idées actuelles sur ces phénomènes subiront de grands changements avec le progrès de la science, mais si imparfaites qu'elles soient, on les rencontre à chaque pas dans le tableau de la nature, et il est impossible de ne pas en tenir compte.

Nous ne signalerons que brièvement quelques-unes de celles qui paraissent les plus essentielles.

Le naturaliste éminent, K. M. de Baer, a depuis longtemps noté une particularité réglant toute l'histoire géochimique de la matière vivante dans la biosphère, *la loi de l'économie,* dans l'utilisation des corps chimiques simples une fois entrés dans sa composition. Baer a démontré ce fait pour le carbone, et plus tard pour l'azote; il peut être étendu à l'histoire géochimique de tous les éléments chimiques.

L'économie dans l'utilisation par la matière vivante des éléments chimiques nécessaires à la vie, se manifeste de différentes façons. D'une part le fait s'observe dans les limites de l'organisme même. Quand un élément est entré dans l'organisme, il traverse une longue série d'états, entre dans divers composés, avant de quitter cet organisme et d'être perdu pour lui. En outre, l'organisme n'introduit dans son système que les quantités d'éléments nécessaires à sa vie, et évite le superflu. Il fait un choix, s'empare des uns, ne touche pas aux autres, et les prend toujours en proportions déterminées.

Mais c'est là un côté du phénomène sur lequel de Baer avait porté son attention et qui se rattache évidemment à l'autonomie de l'organisme et aux systèmes d'équilibre qui lui sont propres, systèmes atteignant l'état stable, et possédant une énergie libre minima.

Cette particularité de l'histoire géochimique des organismes se manifeste encore avec plus de netteté dans leur matière vivante, dans leurs ensembles. La loi d'économie est ici observée dans d'innombrables phénomènes biologiques. Les atomes entrés sous quelque forme dans la matière vivante, une fois entraînés dans ses tourbillons vitaux séparés, ne rentrent qu'avec difficulté, et peut-être, ne rentrent pas du tout dans la matière brute de la biosphère. Les organismes qui assimilent d'autres organismes, parasites, symbioses, saprophytes qui retransforment instantanément en une forme de la matière vivante, les restes de vie à peine dégagés et encore en grande partie vivants, imprégnés de formes microscopiques, les nouvelles générations provenant de la multiplication, tous ces innombrables mécanismes hétérogènes entraînent les atomes dans le milieu mobile, les gardent dans les tourbillons vitaux, et les transportent de l'un à l'autre.

Il en est ainsi dans l'espace de tout le cercle vital au cours de centaines de millions d'années. Mais une partie des atomes du revêtement vital immuable dont l'énergie demeure toujours au niveau de l'ordre de 10^{19} grandes calories, ne quitte jamais le cercle vital. Selon l'expression imagée de de Baer, la vie est économe dans la dépense de la matière absorbée, ne s'en sépare qu'avec difficulté et comme à regret. Normalement elle ne la rend pas, du moins pas pour longtemps.

63. — En raison de *la loi d'économie*, il peut être question d'atomes, qui demeurent dans les cadres de la matière vivante au cours de périodes géologiques, se trouvant tout le temps en mouvement et en migration, mais ne retournent pas au sein de la matière brute.

Cette généralisation empirique, en présence du tableau très inattendu qu'elle trace, oblige à approfondir les conséquences qu'elle comporte et à en rechercher l'explication.

On ne peut actuellement agir que d'une façon hypothétique. Tout d'abord, cette généralisation soulève une question que la science n'avait pas antérieurement posée, mais qui avait été soulevée sous diverses formes dans les spéculations philosophiques et théologiques. Ces atomes absorbés ainsi par la matière vivante sont-ils les mêmes que ceux de la matière brute ? Ou bien existe-t-il parmi eux d'autres mélanges particuliers d'isotopes ? L'expérience seule peut donner une réponse et cette expérience est placée par là même à l'ordre du jour.

64. — Une des manifestations vitales les plus essentielles, ayant une portée immense dans la biosphère (§ 42) : c'est l'échange gazeux des organismes avec leur milieu gazeux ambiant. Une partie de cet échange gazeux avait été déjà bien comprise comme *combustion* par *L. Lavoisier*. Par voie de la combustion, les atomes du carbone, de l'hydrogène et de l'oxygène sont en va-et-vient perpétuel à l'intérieur et à l'extérieur des tourbillons vitaux.

Il est probable que cette combustion ne touche pas le substratum essentiel à la vie, le protoplasme. Il est possible que les atomes de carbone se dégageant du vivant de l'organisme dans l'atmosphère ou l'eau sous forme d'acide carbonique, proviennent d'une matière étrangère à l'organisme des éléments de l'alimentation et non de celle qui en constitue la charpente. Ce n'est dès lors que dans la base protoplasmique de la vie et dans ses formations, que se réuniraient les atomes absorbés par la matière vivante et retenus par elle.

La théorie de la stabilité atomique du protoplasma date de Cl. Bernard ; elle reste en dehors des idées admises en biologie, mais de temps à autre elle revient et éveille l'attention des savants.

Peut-être existe-t-il un rapport entre les idées de Cl. Bernard, la généralisation relative à l'économie vitale de Ch. de Baer et le fait empirique démontré par la géochimie — la constance de la quantité de vie dans la biosphère.

Il se peut que toutes ces idées se rapportent à un même phénomène, *l'invariabilité de la quantité des formations protoplasmiques vitales dans la biosphère au cours des temps géologiques.*

65. — L'étude des phénomènes de la vie considérés à l'échelle de la biosphère donne d'autres indications plus nettes sur le lien étroit qui les rattache. Cette étude démontre que les phénomènes vitaux doivent être considérés comme des parties du mécanisme de la biosphère, et que les fonctions remplies par la matière vivante dans le mécanisme ordonné et complexe de la biosphère, ont une répercussion énergique sur les propriétés et la structure des êtres vivants.

L'échange gazeux des organismes, leur respiration, doivent être placés au premier rang parmi ces phénomènes. Le lien étroit de cet échange avec l'échange gazeux de la planète, dont il constitue l'une des parties les plus essentielles est indubitable.

J.-B. Dumas et J. Boussingault démontrèrent dans une conférence remarquable faite en 1844 à Paris, que la matière vivante peut être considérée comme un *appendice de l'atmosphère*. Elle bâtit au cours de sa vie le corps des organismes à partir des gaz de l'atmosphère, oxygène, acide carbonique, eau, composés de l'azote et du soufre, elle convertit ces gaz en combustibles, liquides et solides, amasse sous cette forme l'énergie cosmique du Soleil. Après sa mort et au cours du cycle vital, lors de l'échange gazeux, elle restitue à l'atmosphère les mêmes éléments gazeux.

Cette notion répond bien à la réalité. Le lien génétique qui relie la vie aux gaz de la biosphère est très étroit. Il est même plus profond qu'il ne paraît au premier abord. Les gaz de la biosphère sont toujours génétiquement liés à la matière vivante et cette dernière détermine toujours la composition chimique essentielle de l'atmosphère terrestre.

Nous avons déjà indiqué ce phénomène en parlant de l'importance de l'échange gazeux pour la création et la détermination de la multiplication des organismes, c'est-à-dire pour la manifestation de leur énergie géochimique (§ 42).

Toute la quantité des gaz tels que l'oxygène libre, et l'acide carbonique, qui se trouvent dans l'atmosphère, demeurent en un état d'équilibre dynamique, en échange perpétuel avec la matière vivante.

Les gaz dégagés par la matière vivante y rentrent sans interruption ; leur entrée et leur sortie de l'organisme s'effectuent souvent de manière presque instantanée. Le courant gazeux de la biosphère se rattache étroitement ainsi à la photosynthèse, au foyer cosmique de l'énergie.

66. — Toujours est-il que seule, la majeure partie des atomes, rentre dans la matière vivante aussitôt après la destruction de l'organisme dans lequel ils se trouvaient. Une proportion insignifiante de son poids, émigre pour longtemps du processus vital.

Ce petit pourcentage de matière n'est pas accidentel. Il est probablement constant et immuable pour chaque élément. C'est par une autre voie qu'il rentre dans la matière vivante après des milliers et des millions d'années. Dans cet intervalle de temps, les composés dégagés de la matière vivante jouent un rôle prépondérant dans l'histoire de la biosphère et même dans celle de l'écorce terrestre en général, car une grande partie de leurs atomes quitte pour longtemps *les cadres de la biosphère.*

Il s'agit ici d'un nouveau processus, *la pénétration lente de la Terre par l'énergie radiante qui tombe sur elle du Soleil.* Par ce processus, la matière vivante transforme la biosphère et l'écorce terrestre. Elle y abandonne incessamment une partie des éléments qui ont passés par elle, crée des masses d'un poids énorme, des minéraux inconnus ailleurs, ou pénètre la matière brute de la biosphère par la fine poussière de ses débris. D'autre part, elle modifie par son énergie cosmique les formes des composés formés indépendamment de son influence immédiate (§ 140 et suiv.).

L'écorce terrestre, sur toute la profondeur accessible à notre observation, est changée par ce moyen. L'énergie cosmique radiante pénètre toujours plus profondément sous cette forme au cours des temps géologiques en raison de cette action de la matière vivante à l'intérieur de la planète. Les minéraux se convertissent en formes phréatiques des systèmes moléculaires, et deviennent des instruments de ce transport.

La matière brute de la biosphère est dans une large mesure la création de la vie.

On revient sous une forme nouvelle aux idées des philosophes de la nature du début du XIXe siècle, aux idées de L. Ocken, J. Steffens et J. Lamarck. Pénétrés de l'idée de la portée primordiale de la vie dans les phénomènes géologiques, ces penseurs embrassaient plus profondément et plus conformément aux faits empiriques l'histoire de l'écorce terrestre que les générations des géologues stricts observateurs qui leur succédèrent.

Il est curieux qu'une telle influence sur toute la matière de la biosphère, particulièrement sur la création des agglomérations de minéraux vadoses, soit principalement liée à l'activité des organismes aqueux. Le déplacement perpétuel des bassins aqueux dans les temps géologiques, répand sur toute la planète, les accumulations d'énergie chimique libre d'origine cosmique obtenue de cette façon. Tous ces phénomènes semblent revêtir un caractère d'équilibre dynamique stable, et les masses de matière qui y entrent en jeu sont aussi immuables que l'énergie du Soleil qui tombe sur notre Terre et les détermine.

67. — En fin de compte, une masse considérable de matière dans l'enveloppe extérieure, dans la biosphère, est englobée et accumulée par les organismes vivants, transformée par l'action de l'énergie cosmique du Soleil.

Le poids de la biosphère doit correspondre à quelque 10^{24} grammes. Dans cette enveloppe superficielle de la planète, la matière vivante, matière activisée, récipient d'énergie cosmique n'y entre pas pour moins de 1 pour 100, probablement quelques centièmes. Par endroits elle prédomine et, dans les couches minces, par exemple dans les sols, elle représente souvent plus de 25 pour 100.

Ainsi, l'apparition de la matière vivante et sa formation sur notre planète est évidemment un phénomène de caractère cosmique qui se manifeste très nettement en l'absence *d'abiogénèse*, c'est-à-dire dans le fait qu'au cours de toute l'histoire géologique l'organisme vivant est toujours provenu de l'organisme vivant ; tous les organismes sont liés génétiquement, et l'on ne voit nulle part que le rayon solaire puisse être absorbé, et l'énergie solaire convertie en énergie chimique, indépendamment d'un organisme vivant antérieur.

Comment a pu se former ce mécanisme spécifique de l'écorce terrestre, la matière de la biosphère pénétrée de vie, mécanisme qui fonctionne incessamment au cours des milliards d'années des temps géologiques ? C'est un mystère, comme la vie même est un mystère dans le schéma général de nos connaissances.

DEUXIÈME PARTIE

LE DOMAINE DE LA VIE

68. — LA BIOSPHÈRE, ENVELOPPE TERRESTRE. —
L'importance de la vie dans la structure de l'écorce
terrestre ne pénétra que lentement l'esprit des savants
et n'est pas encore aujourd'hui appréciée dans toute
son étendue. Cé n'est qu'en 1875 que E. Suess, professeur à l'université de Vienne, un des plus éminents
géologues du dernier siècle, introduisit dans la science
la notion de la *biosphère* comme celle d'une enveloppe
particulière de l'écorce terrestre, enveloppe pénétrée
de vie. Il donna ainsi une expression achevée à l'idée
de l'ubiquité de la vie, de la continuité de sa manifestation à la surface terrestre, qui pénétrait lentement la
mentalité scientifique.

En établissant la nouvelle notion d'une enveloppe
terrestre particulière, déterminée par la vie, Suess
énonçait en réalité une nouvelle *généralisation empirique* d'une grande portée, dont il n'avait pas prévu
toutes les conséquences. Cette généralisation commence
seulement a devenir claire, par suite des nouvelles
découvertes scientifiques, inconnues à cette époque.

69. — La biosphère forme l'enveloppe ou *la géosphère* supérieure d'une des grandes régions concentriques de notre planète : l'écorce terrestre.

Les propriétés physiques et chimiques de notre

= 93 =

planète changent régulièrement selon leur éloignement relatif de son centre. Elles sont identiques dans les sections concentriques que leur étude apprend d'établir.

On peut distinguer deux formes d'une telle structure : d'une part les grandes régions concentriques de la planète, qu'on peut appeler ses grands *concentres* ; de l'autre, les divisions plus spéciales de ces régions, qu'on appelle *enveloppes* ou *géosphères* (1).

On peut distinguer au moins trois grands *concentres* : *le noyau de la planète, la région Sima et l'écorce terrestre*. Dans chacune de ces régions, la matière semble demeurer isolée, et ne peut circuler de l'une à l'autre que très lentement ou à certaines époques fixes. Cette migration n'est pas un fait de l'histoire géologique courante. Chaque région semble par conséquent constituer un *système mécanique isolé*, indépendant des autres.

La Terre demeure en somme dans les mêmes conditions thermodynamiques au cours de millions d'années. Il est certain que des équilibres dynamiques stables de la matière et de l'énergie, se sont établis partout où n'a pris place aucun afflux d'énergie active, étrangère aux systèmes mécaniques constituant la Terre.

Il est à supposer que les systèmes mécaniques des régions isolées de la terre possèdent un équilibre d'autant plus parfait que l'afflux d'énergie étrangère est moins considérable.

70. — *Le noyau terrestre* possède une composition chimique nettement différente de celle de l'écorce terrestre à la surface de laquelle nous nous trouvons. Il est possible que la matière du noyau se trouve à

---

(1) Le mot géosphère est employé par plusieurs géologues ou géographes dans le sens indiqué par exemple par J. Murray (1910) et D. Soboleff (1924). Il est basé sur les idées de E. Suess.

un état gazeux particulier (gaz à l'état critique), mais les idées relatives à l'état physique des profondeurs de la planète, selon lesquelles ces régions seraient soumises à la pression de plusieurs dizaines, sinon de centaines, ou de milliers d'atmosphères, sont, dans l'état actuel de la science, absolument conjecturales. Il convient d'admettre dans cette région la prévalence d'éléments libres, comparativement lourds, ou de leurs composés simples. Mais les propriétés physiques du noyau de la Terre peuvent être scientifiquement esquissées de diverses façons. Ainsi, on peut imaginer le noyau comme un corps solide, ou comme un corps à l'état visqueux, ou même gazeux. On peut supposer qu'il y règne une température très élevée de milliers de degrés, ou très basse, voisine de celle des petits corps de l'espace cosmique. Le poids spécifique moyen de la planète (5,7), très grand, comparé à celui de l'écorce terrestre (2,7), indique certainement pour le noyau une composition chimique particulière, différente de celle de la surface de la planète. Le poids spécifique du noyau ne doit guère être inférieur à 8, peut-être même à 10. Il est supposé formé de fer libre ou de ses alliages avec le nickel et ses composés métalliques, et cette hypothèse n'est pas invraisemblable.

Il est certain qu'il s'effectue à la profondeur d'environ 2.900 kilomètres au-dessous du niveau de l'Océan un changement brusque des propriétés de la matière. Ce fait, établi par les études sismométriques est indubitable. On explique souvent ce changement par l'hypothèse que les ondes sismiques entreraient à cette profondeur dans un autre concentre. Cette profondeur serait alors celle de la surface de noyau métallique. Cependant il est parfaitement possible de prendre pour cette limite les profondeurs moins considérables de 1.200 ou 1.600 kilomètres correspondant à d'autres sauts dans la marche des ondes sismiques.

71. — Bien que l'état des connaissances actuelles sur l'intérieur de la planète ne permette pas d'aboutir à des conclusions très précises, il est certain que les dernières années ont apporté de grands changements aux estimations scientifiques relatives à ce domaine.

Le terrain paraît sûr, et un avenir prochain sera sans nul doute témoin de grands progrès. On acquerra une connaissance plus précise de ces problèmes plus rapidement qu'on ne le croyait possible il n'y a pas longtemps.

En rapprochant les résultats des recherches pétrogéniques et des observations sismiques, on arrive dès maintenant à apercevoir que lés roches siliceuses et alumosiliceuses occupent une beaucoup plus grande place dans la structure de la planète, qu'on ne le pensait, jadis. Ce sont surtout les observations remarquables des savants croates, MM. Mohorovičić père et fils qui, dernièrement, ont éveillé l'attention sur ce fait. Ces travaux servent sans doute de prolongement au long travail antérieur.

72. — On peut dégager dès maintenant quelques propriétés essentielles du deuxième concentre que Suess nommait *Sima*, et dont la nature chimique lui semblait caractérisée par la prépondérance des atomes de Si, Mg et O.

Cette région est d'abord caractérisée par son épaisseur de plusieurs centaines de kilomètres, peut-être de bien plus de mille kilomètres, ensuite par le fait que cinq éléments chimiques, le silicium, le magnésium l'oxygène, le fer et l'aluminium, paraissent y jouer un rôle des plus importants. Il semble exister une augmentation de lourds atomes de fer, suivant la profondeur.

Peut-être des roches analogues aux roches basiques de l'écorce terrestre, troisième concentre, jouent-elles aussi un grand rôle dans la constitution de la région Sima. Les propriétés mécaniques de ces roches rappellent les éclogites, comme l'admettent quelques savants géologues et géophysiciens.

73. — La limite supérieure du Sima est formée par l'*écorce terrestre*, dont l'épaisseur moyenne, — un peu moins de 60 kilomètres — est assez bien déterminée par des observations indépendantes, étude des séismes d'une part, et mesure de la gravité, de l'autre.

C'est la surface isostatique qui sépare la région Sima de l'écorce terrestre.

Elle indique une propriété remarquable de la région Sima, propriété qui la distingue nettement de l'écorce terrestre. La matière de Sima est *homogène* dans toutes les couches concentriques qu'on peut y distinguer.

Les propriétés physiques et chimiques du Sima changent concentriquement en fonction des distances des points étudiés au centre de la planète.

La matière de l'écorce terrestre est au contraire nettement *hétérogène* dans les différentes parties de la même couche concentrique, à une même distance du centre de la planète.

Dans ces conditions, il ne peut s'opérer d'échange quelque peu intense entre la matière du Sima et celle de l'écorce terrestre.

74. — Il ne peut dès lors exister dans le Sima, de foyers de l'énergie libre susceptibles de réagir sur l'écorce terrestre dans les phénomènes observés.

Au point de vue de ces phénomènes, l'énergie du Sima n'a pas d'importance. C'est une énergie étrangère potentielle, dont la manifestation n'a jamais atteint la surface terrestre au cours des temps géologiques. On n'y trouve pas de traces de son action dans les faits observés. Cette constatation peut être considérée comme une généralisation empirique bien établie. Autrement dit, on n'a pas de données démontrant que la région du Sima ne se soit pas trouvée à l'état d'indifférence chimique et d'équilibre stable complet et permanent, au cours de tous les temps géologiques.

Une première confirmation d'un tel état du Sima est qu'on ne connaît pas dans les couches géologiques étudiées de l'écorce terrestre, un seul cas scientifiquement établi, d'apport de matière des régions profondes inférieures à l'écorce terrestre. Une seconde, est, qu'il n'existe aucun phénomène, élévation de température, par exemple, décelant une énergie libre supposée inhérente au Sima. L'énergie libre, chaleur qui pénètre des profondeurs à la surface terrestre, n'est pas liée au Sima, mais à l'énergie atomique des éléments chimiques radioactifs, qui semblent principalement concentrés dans l'écorce terrestre et les couches supérieures de la planète, dans des conditions permettant la manifestation de leur énergie sous une forme capable de produire du travail.

75. — Parmi les phénomènes observés à la surface terrestre c'est la répartition de la gravité, qui permet de pénétrer dans l'intérieur de la planète plus profondément que tous les autres phénomènes, sauf le cas de tremblement de terre.

Le caractère essentiel de cette répartition est d'être liée à la structure très particulière et définie de la région supérieure de la planète : de grandes parties de l'écorce, de divers poids spécifiques de (1 pour l'eau à 3,3 pour les roches basiques), sont toutes concentrées dans cette seule région supérieure, et réparties de façon qu'en coupe verticale les parties légères soient compensées par d'autres plus lourdes ; à une certaine profondeur, à la surface isostatique, s'établit un équilibre complet ; on constate qu'au-dessous de cette surface les couches de la planète ont sur toute l'étendue de chacune d'elles un seul et même poids spécifique.

Il s'ensuit logiquement qu'il ne peut exister d'irrégularités mécaniques et de différences chimiques dans les couches d'une même profondeur au-dessous de la surface isostatique où doit régner un équilibre dynamique stable de la matière et de l'énergie.

Il est dès lors facile de prendre la surface isostatique pour limite inférieure de l'écorce terrestre et pour limite supérieure du Sima. Cette surface détermine une propriété très importante de la planète : elle sépare la région des *changements* de celle des équilibres immuables.

Nous avons vu précédemment, que la face de la planète, la biosphère, enveloppe supérieure de cette région des changements, tirait l'énergie qui les produit du milieu cosmique, du Soleil. On sait — et nous aurons l'occasion d'y revenir — qu'il y existe des dispositifs. transportant cette énergie solaire dans les profondeurs

Mais il y a dans l'écorce terrestre une autre source d'énergie libre, la matière radioactive, qui provoque des perturbations de ses équilibres stables encore plus puissantes, bien que ces bouleversements ne se manifestassent que très lentement.

Les atomes radioactifs pénètrent-ils jusqu'au Sima ? On l'ignore ; mais il semble certain que la quantité des matières radioactives ne peut y être du même ordre que dans l'écorce terrestre, car en cas contraire, les propriétés thermiques de la planète seraient tout autres ; les matières radioactives, sources de l'énergie libre de la Terre, ne pénètrent donc pas dans le Sima ou en disparaissent rapidement.

76. — On ne saurait avoir qu'une idée très imparfaite de l'état physique de la matière constituant la région Sima.

La température de cette région ne semble pas très haute; l'étrangeté pour les sens, de la matière qui s'y trouve, est en premier lieu déterminée par l'effet de la grande pression. Les propriétés mécaniques de cette matière, jusqu'à 2.000 kilomètres au moins, sont analogues à celles de l'état solide (S. Mohorovičić, 1921). La pression dans ces profondeurs est cependant si énorme, qu'elle défie notre imagination et déroute nos idées basées sur le principe expérimental des trois états de la matière, solide, liquide et gazeux. Déjà, à la frontière supérieure de la région Sima, où la pression atteint 20.000 atmosphères au centimètre carré, la différence entre les propriétés des états solide, liquide et gazeux, pour les paramètres habituels qui les caractérisent, n'existe pas, comme l'ont prouvé les expériences de P. W. Bridgman (1925).

Cette matière ne peut toutefois être cristalline, il est possible que l'état vitreux ou métallique à haute pression en donne l'idée la plus satisfaisante. Ce sont des couches parfaitement homogènes, dont la pression augmente et dont les propriétés changent progressivement suivant la profondeur.

77. — La profondeur de la surface isostatique n'est pas exactement connue. On lui attribuait jadis une profondeur de 110 à 120 kilomètres. Les nouvelles évaluations plus précises donnent des chiffres beaucoup moins élevés.

Son niveau semble très variable selon les lieux ; sa forme se modifie lentement sous l'action des sources d'énergie libre interne situées dans l'écorce terrestre, sous l'action de ce que nous appelons les processus géologiques.

Au-dessus de la surface isostatique se trouve le grand concentre appellé *écorce terrestre* en vertu des anciennes hypothèses géologiques, qui voulaient qu'à la surface terrestre étudiée à ce point de vue, on se heurtât à des traces et à des restes de l'écorce de la consolidation de la planète jadis liquide. Cette notion était liée aux hypothèses cosmogoniques, relatives au passé de la Terre, dont celle de Laplace était la plus profonde expression. Cette hypothèse était en haute valeur dans le monde des savants, qui, à une certaine époque, avait exagéré sa valeur scientifique. Cependant peu à peu il devint clair qu'on ne trouvait dans aucune des couches géologiques accessibles, la trace d'une telle écorce primaire de consolidation, et que l'hypothétique passé incandescent liquide de la planète ne se manifestait nulle part dans les phénomènes géologiques.

L'hypothèse de la planète jadis liquide et incandescente, l'hypothèse d'une ancienne ignition liquide disparut ainsi, mais le terme d' « écorce terrestre », qui pénétra par cette voie dans la science, s'y est conservé, mais avec un autre sens.

78. — On distingue dans cette écorce terrestre une série d'enveloppes, géosphères, concentriquement disposées, bien que leur surface de démarcation ne soit généralement pas sphérique. Chaque enveloppe concentrique est caractérisée par ses systèmes d'équilibre : dynamiques, physiques et chimiques, dans une large mesure indépendants et isolés. Il est parfois difficile d'établir la démarcation des différentes enveloppes, ce qui est probablement dû à l'imperfection de nos connaissances.

Cette démarcation peut être fixée avec plus d'exactitude pour les régions supérieures de la phase solide de la planète et pour les régions gazeuses inférieures. Des composés chimiques ont pénétré ou pénètrent en grande quantité jusqu'à la surface terrestre à partir de 16 à 20 kilomètres en profondeur au-dessous du niveau de l'Océan et de 10 à 20 kilomètres en hauteur. L'étude de la structure géologique de la Terre démontre que les roches massives les plus profondes connues n'ont pas dépassé ces profondeurs. Cette épaisseur de 16 kilomètres répond à peu près à toutes les roches sédimentaires et métamorphiques. Il est probable que la composition chimique des 16 à 20 kilomètres supérieurs est déterminée par les mêmes processus géologiques qui s'effectuent encore actuellement. Les traits généraux de cette composition sont bien connus.

Au delà des limites indiquées, supérieure et inférieure, nos connaissances commencent à devenir moins précises : non seulement on ne saurait établir exactement la matière parvenant jusqu'à l'écorce terrestre, mais encore, les états de la matière dans ces régions de hautes et basses pressions ne sont pas clairs sous beaucoup de rapports, malgré les grands progrès réalisés par les sciences expérimentales.

Il est toutefois certain qu'on est ici sur un terrain solide : les connaissances s'y développent lentement mais sûrement, car les anciennes idées sur l'écorce terrestre sont soumises à une revision radicale, qui ne fait que commencer.

79. — Il y a lieu d'appeler l'attention sur plusieurs phénomènes généraux, importants pour la compréhension de la structure de l'écorce terrestre.

D'abord, la matière se trouve, dans les couches supérieures de l'atmosphère, à un état nettement différent de celui qu'on a l'habitude de voir autour de soi. Peut-être se trouve-t-on dans une région de la planète (au-dessus de 80 à 100 kilomètres) différente de l'écorce terrestre, dans *un nouveau concentre planétaire*. Sous forme d'électrons et d'ions, d'immenses fonds d'énergie libre sont concentrés ici dans un milieu matériel raréfié ; et leur rôle dans l'histoire de la planète n'est pas éclairé.

Ensuite, il est presque hors de doute que les couches intérieures ne sont pas dans toute leur étendue à l'état incandescent, liquide dont l'éjection des roches volcaniques était jadis considérée comme la preuve. On est obligé d'admettre l'existence dans ces couches, de grandes ou de petites parties de magma, de masses de silicates en fusion visqueux, liquides, à une haute température (600 à 1.200° c), dispersés dans une enveloppe solide ou solide-visqueuse. Rien ne démontre que ces foyers magmatiques pénètrent toute l'écorce terrestre, qu'ils ne soient pas concentrés dans les zones supérieures et que la température de toute l'écorce soit aussi élevée que celle de ces masses incandescentes, riches en gaz.

80. — Bien que la structure des parties profondes de l'écorce présente encore beaucoup d'énigmes, les progrès de la science dans ce domaine sont très considérables depuis quelques années.

L'écorce terrestre semble entièrement formée par des roches acides et basiques qu'on connaît à la surface. Les roches acides, granites ou granodiorites, se rassemblent sous les continents, où leur épaisseur est de l'ordre de 15 kilomètres. Les roches basiques prédominent dans les profondeurs. Sous l'hydrosphère elles montent plus près de la surface terrestre. Ces roches sont moins riches en énergie libre, et en éléments chimiques radioactifs.

Il y a lieu d'admettre l'existence de trois enveloppes au moins sous la surface terrestre. L'une, l'enveloppe supérieure, correspond aux roches acides (*enveloppe granitique*). Elle se termine à peu près à 15 kilomètres de la surface et est comparativement riche en éléments radioactifs.

A 34 kilomètres environ de la surface se produit dans les propriétés de la matière un nouveau changement brusque (H. Jeffreys, S. Mohorovičić), qui marque probablement la limite inférieure de l'existence des corps cristallins. C'est la frontière supérieure de l'enveloppe vitreuse de R. Daly (1923). Au-dessous, les roches basiques, en partie acides, doivent se trouver à l'état vitreux et par suite ne correspondent pas aux roches connues.

Un autre changement brusque s'effectue à 59-60 kilomètres de la surface, en moyenne, qui semble dû à l'apparition dans les phénomènes sismiques de roches lourdes, peut-être des éclogites (1), dont la densité n'est pas moindre que 3,3 à 3,4.

On pénètre ici dans la région Sima ; la densité des roches devient de plus en plus considérable et atteint à sa base 4,3 à 4,4 (L. Adams et E. Williamson, 1925).

Ces notions ne donnent, trop simplistes, qu'une idée sommaire de la complexité du phénomène.

81. — L'établissement par voie empirique de l'existence d'enveloppes terrestres s'est effectué au cours de longues années ; certaines de ces enveloppes, par exemple l'atmosphère, sont établies depuis des siècles et leur existence est devenue notion courante.

Mais ce n'est qu'à partir de la fin du XIXe siècle et du début du XXe siècle qu'on a saisi les principes de leur genèse, bien que leur rôle dans la structure de l'écorce terrestre ne soit pas encore universellement reconnu. Leur genèse est liée étroitement à la chimie de l'écorce terrestre et leur existence est due à ce que tous les

---

(1) Les éclogites ne sont sans doute pas ceux des pétrographes par leur structure, qui ne semble pas être cristalline ; elles leur correspondent par leur poids spécifique. Les éclogites de la partie supérieure de l'écorce terrestre correspondent aux parties les plus profondes qui puissent être étudiées *de visu*.

processus chimiques de l'écorce terrestre sont soumis aux mêmes *lois mécaniques d'équilibre.*

Dès lors les grandes lignes de la structure chimique et physique de l'écorce terrestre, malgré l'extrême complexité de cette structure, se dessinent nettement ; elles permettent de saisir par voie empirique les états essentiels des phénomènes naturels complexes, et de classer les systèmes complexes des équilibres dynamiques stables auxquels, dans cette construction simplifiée, répondent les enveloppes terrestres.

Les lois d'équilibre, sous leur forme mathématique générale, ont été exposées par J. W. Gibbs (1884-1887), qui les ramène aux relations pouvant exister entre les variables indépendantes caractéristiques des processus physiques ou chimiques : température, pression, état physique et composition chimique des corps qui participent aux processus.

Toutes les géosphères (enveloppes terrestres) introduites dans la science par voie purement empirique, peuvent être distinguées par les différentes variables qui caractérisent, selon Gibbs, les équilibres étudiés par lui. On peut distinguer ainsi les *enveloppes thermodynamiques* déterminées par les valeurs de la température et de la pression, les *enveloppes des états de la matière*, caractérisées par les phases, c'est-à-dire par l'état physique (solide, liquide, etc.,) des corps entrant dans leur composition, enfin, les *enveloppes chimiques*, qui se distinguent par leur composition chimique.

Seule l'enveloppe dégagée par Suess, la *biosphère*, est demeurée à l'écart. Toutes ses réactions sont soumises aux lois des équilibres, mais elles se distinguent par une nouvelle propriété, une nouvelle variable indépendante, dont Gibbs n'avait pas tenu compte.

82. — Les variables indépendantes des équilibres hétérogènes étudiées généralement dans les laboratoires chi-

miques et qu'on prend généralement en considération : la température, la pression, l'état et la composition de la matière, n'englobent pas toutes les formes théoriquement possibles. Gibbs a mathématiquement étudié les équilibres électrodynamiques. Diverses forces superficielles, — forces de contact, — ont une grande importance dans les équilibres terrestres naturels. Les phénomènes de la photosynthèse ont été l'objet d'une grande attention en chimie : c'est l'énergie radiante lumineuse qui constitue la variable indépendante. Dans les phénomènes de cristallisation interviennent encore les énergies cristalliques vectoriales, l'énergie interne, par exemple dans la formation des macles, l'énergie superficielle dans toutes les cristallisations.

Les organismes vivants, bien qu'ils introduisent dans les processus physico-chimiques de l'écorce terrestre l'énergie lumineuse du Soleil, se distinguent aussi nettement et par leur essence même de toutes les autres variables indépendantes de la biosphère. Comme elles, ils changent la marche de leurs équilibres, mais contrairement à elles, ils sont eux-mêmes spécifiquement indépendants des espèces de systèmes d'équilibres dynamiques secondaires, dans le champ thermodynamique primaire de la biosphère.

L'autonomie des organismes vivants est l'expression du fait, que les paramètres du champ thermodynamique à eux propres sont absolument différents des paramètres observés dans la biosphère. Les organismes maintiennent en rapport avec ce fait, certains même très nettement, leur propre température indépendante de celle du milieu ambiant, et possèdent leur propre pression interne. Ils sont isolés dans la biosphère, et le champ thermodynamique de celle-ci n'a d'importance pour eux que parce qu'il détermine la région de l'existence de leurs systèmes autonomes, mais non leur champ interne.

Au point de vue chimique, leur autonomie se manifeste nettement, en ce que leurs composés chimiques ne peuvent se former en dehors d'eux dans les conditions habituelles du milieu brut inanimé de la biosphère ; pénétrant dans les conditions de ce milieu, ils deviennent inévitablement instables, s'y décomposent, passent dans d'autres corps et deviennent ainsi des perturbateurs de son équilibre, et source d'énergie libre pour ce milieu inanimé.

Ces composés chimiques se forment dans la matière vivante suivant des conditions souvent très différentes de celles qu'on observe dans la biosphère. On n'observe jamais dans celle-ci de décomposition des molécules d'acide carbonique et d'eau, un des processus biochimiques fondamentaux. Ce processus ne peut se produire dans notre planète que dans les régions profondes de la magmosphère, en dehors de notre biosphère. Nous ne pouvons le reproduire dans nos laboratoires qu'à des températures très élevées, qui n'existent pas dans la biosphère. Le champ thermodynamique de la matière vivante est nettement différent de celui de la biosphère, bien qu'il soit impossible d'expliquer son existence autonome. C'est un fait fondamental que les organismes vivants peuvent être décrits empiriquement comme des champs thermodynamiques particuliers, étrangers à la biosphère, isolés en cette dernière, de proportions comparativement insignifiantes, porteurs de l'énergie du rayon solaire et créés par ce rayon dans son sein. Leurs dimensions varient entre $n \times 10^{-12}$ et $n \times 10^{8}$ centimètres carrés.

De quelque façon qu'on explique leur existence et leur formation dans la biosphère, le fait du changement de tous les équilibres chimiques dans ce milieu en leur présence demeure certain. Les lois générales des équilibres restent immuables et l'action des êtres vivants, et de leur ensemble, la matière vivante, est entièrement analogue à l'action des autres variables indépendantes. Les êtres vivants, et leurs ensembles peuvent être considérés comme une forme particulière des variables indépendantes du champ énergétique de la planète.

83. — Une telle action des êtres vivants est liée d'un lien étroit à leur alimentation, à leur respiration, à leur destruction et à leur mort, c'est-à-dire aux processus vitaux au cours desquels les éléments chimiques les pénètrent et s'en dégagent.

Au point de vue empirique, il est certain que les éléments chimiques introduits dans l'organisme vivant, pénètrent dans un milieu dont ils ne trouvaient l'analogue nulle part ailleurs dans notre planète. On peut considérer cette pénétration des éléments chimiques dans l'organisme vivant comme *un nouveau mode de leur gisement*.

Leur histoire dans ce mode, se distingue nettement de celle qui leur est habituelle dans les autres parties de notre planète. Cette distinction est évidemment liée au changement profond des systèmes atomiques dans la matière vivante. Il n'est pas impossible que les mélanges ordinaires des isotopes n'existent pas dans la matière vivante. C'est l'expérience qui doit en décider.

On pensait jadis, et cette opinion n'a pas encore perdu tous ses partisans, que l'histoire spéciale et spécifique des éléments chimiques dans les matières vivantes, peut être expliquée par la prédominance des colloïdes dans la composition des organismes vivants. Or, dans les cas multiples de l'existence des systèmes colloïdaux dans la biosphère, en dehors de la vie, l'histoire des éléments chimiques ne donne rien d'analogue.

Les propriétés des systèmes dispersés de la matière

(les colloïdes) sont réglées par les molécules et non par les atomes. Ce fait seul suffit, pour ne pas chercher dans les phénomènes colloïdaux, l'explication des modes de gisement des éléments chimiques, modes toujours caractérisés par l'état des atomes.

84. — Nous avons établi la notion de *mode de gisement des éléments chimiques* (en 1921) comme une généralisation purement empirique.

Les gisements des éléments chimiques et leur histoire, peuvent être classés en différents *modes*, selon l'état de leurs atomes dans les divers champs thermodynamiques ou dans leurs parties déterminées. Il peut évidemment exister un grand nombre de modes de gisement des éléments chimiques, mais seuls quelques-uns de ces modes sont observés dans les champs thermodynamiques de notre planète.

Il est donc évident que les atomes des systèmes stellaires doivent être observés à des états particuliers, impossibles à rencontrer sur la Terre. De fait, on leur attribue des états particuliers, par exemple pour expliquer leur spectre (atomes ionisés de M. N. Saha) ; tels sont les atomes doués d'une masse énorme, propres à certaines étoiles. Pour expliquer celles-ci, il faut admettre la concentration de milliers et même de dizaines de milliers de grammes de leur matière dans un centimètre cube (A. Eddington) (1). Ces états des atomes stellaires présentent évidemment des modes de

(1) Ainsi la densité de la matière de l'étoile Sirius B. doit être égale à 53.000. Il y a lieu de croire que, selon les idées dynamiques de N. Bohr-E. Rutherford (on sait que leurs modèles ne sont qu'une approximation de la réalité), les orbites des électrons y peuvent être situées plus près du noyau que cela n'a lieu pour les atomes ordinaires (M. Tirring, 1925). Le déplacement observé de la partie rouge du spectre de Sirius B confirme cette énorme densité : les déplacements des lignes spectrales pour des corps d'une densité analogue, fondés sur la théorie de relativité, correspondent aux faits observés (M. Adams, 1925).

gisement, inconnus dans l'écorce terrestre. D'autres modes de gisement qui n'existent pas non plus sur notre planète peuvent et doivent être observés dans le Soleil, dans sa couronne (gaz des électrons), dans les nébuleuses, les comètes, le noyau terrestre.

85. — Il importe de considérer l'existence des éléments chimiques dans *les matières vivantes*, dans les domaines de la Vie, *comme leur mode de gisement particulier*, par suite du fait que les organismes vivants correspondent à des champs thermodynamiques tout à fait particuliers dans la biosphère et que l'histoire des éléments chimiques dans les organismes s'y trouve profondément changée, étant très spécifique et singulière. On ne connaît pas au juste le changement de l'état des atomes dans ce mode de gisement. Cependant sa pleine conformité dans l'écorce terrestre avec d'autres modes, toujours caractérisés par les états bien particuliers des atomes, autorise à penser que les recherches ultérieures rendront manifestes les modifications subies par les systèmes atomiques lors de leur pénétration dans la matière vivante.

Les divers modes de gisements des atomes existant dans l'écorce terrestre sont établis empiriquement. Ils sont caractérisés simultanément : 1º par un champ thermodynamique particulier à chaque mode ; 2º par une manifestation atomique particulière ; 3º par une histoire géochimique de l'élément nettement spécifique et distinct (migrations particulières) ; 4º par des rapports déterminés, souvent propres au mode donné seul, des atomes de différents éléments chimiques (paragénèse).

86. — On peut ainsi distinguer quatre modes différents de gisement des éléments chimiques dans l'écorce

terrestre, qu'ils traversent au cours des temps et qui peuvent caractériser leur histoire.

Ces quatre modes sont les suivants : 1º *roches massives et minéraux,* où prédominent les molécules et les cristaux de combinaisons d'éléments stables et immobiles ; 2º *magmas,* mélanges visqueux de gaz et de liquides, à l'état de mélange mobile des systèmes atomiques désassociés, où il n'existe ni cristaux ni molécules, caractéristiques ordinaires de notre chimie (1) ; 3º *dispersion* des éléments, les éléments se trouvant à l'état libre, séparés les uns des autres. Il est très probable que les éléments y sont dans certains cas, ionisés, ou ont perdu une partie de leurs électrons (2). C'est un état particulier des atomes correspondant à celui de la matière radiante de M. Faraday et de W. Crookes ; 4º *matière vivante,* où l'état des atomes n'est pas clair ; on se représente habituellement ses atomes à l'état de molécules, de systèmes dissociés d'ions, de gisements dispersés. Des représentations de cette espèce semblent insuffisantes à expliquer les faits empiriques. Il est très probable qu'outre les isotopes (§ 83) c'est la symétrie des atomes qui joue un certain rôle dont on n'avait pas tenu compte dans l'organisme vivant (symétrie des champs atomiques).

87. — Les modes de gisement des atomes (des éléments chimiques) jouent dans les équilibres hétérogènes, le même rôle que d'autres variables indépendantes : température, pression, composition chimique, états physiques de la matière.

(1) Les verres à haute température et à haute pression (§ 80) peuvent être considérés comme des magmas spéciaux ; il se peut qu'ils correspondent à un nouveau mode de gisement des éléments chimiques.

(2) Ces deux états des éléments constituent peut-être des modes de gisement distincts.

Ils caractérisent comme eux les géosphères, enveloppes concentriques par rapport au centre de la planète de l'écorce terrestre.

On doit en raison de ce fait, joindre aux enveloppes indiquées (§ 81) thermodynamiques, des états de la matière et chimiques, les enveloppes caractérisées par différents modes de gisement des éléments chimiques. On peut les appeler *enveloppes paragénétiques*, car elles déterminent principalement les grands traits de la paragénèse des éléments, c'est-à-dire les lois de leur présence simultanée.

La biosphère est une de ces enveloppes paragénétiques, la plus accessible et la mieux étudiée.

88. — La conception de la structure de l'écorce terrestre comme formée d'enveloppes thermodynamiques, des états de la matière, chimiques et paragénétiques, est une des généralisations empiriques typiques.

Elle n'a pas encore reçu d'explication, c'est-à-dire n'est encore liée à aucune des théories de la géogénèse, ni à aucun type de conceptions de l'univers.

Il suit de ce qui précède, qu'une telle structure est due à l'action mutuelle des forces cosmiques, d'une part, de la matière et de l'énergie de notre planète, de l'autre ; le caractère de la matière, les rapports quantitatifs des éléments, par exemple, n'étant aussi bien ni accidentels, ni liés à des causes géologiques seules.

Cette généralisation empirique, représentée d'une façon schématique dans le tableau I (pages 114-115), servira de fondement à notre exposé ultérieur.

Ce tableau, ainsi que toute généralisation empirique, doit être considéré comme un premier exposé approximatif de la réalité, exposé susceptible d'être modifié et complété ultérieurement. Sa valeur se trouve en rapport avec les données empiriques lui servant de base, ce qui rend cette valeur très inégale.

En ce qui concerne la plus grande partie de la première enveloppe thermodynamique et les enveloppes, caractérisées par les autres variables indépendantes qui lui correspondent, ainsi que la cinquième enveloppe thermodynamique et les régions qui lui sont inférieures, les connaissances y sont fondées sur un nombre relativement peu considérable de faits et sur des conjectures et des extrapolations, de par leur nature étrangères à la généralisation empirique.

C'est la raison qui rend les connaissances dans ce domaine peu dignes de confiance et susceptibles de brusques modifications selon la marche de la science. On peut s'attendre dans l'avenir le plus prochain, par suite du progrès actuel intense des sciences physiques, à de grandes découvertes nouvelles et à un changement radical des opinions régnantes.

Il est impossible dans la majorité des cas d'indiquer une ligne de démarcation précise entre les enveloppes. Tout démontre que les surfaces qui séparent celles-ci se modifient au cours du temps, et parfois rapidement.

Leur forme est très complexe et très instable (1). L'insuffisance de nos connaissances en ce qui concerne cette partie du tableau n'a pas grande importance pour les problèmes touchés ici ; car la biosphère est par ailleurs basée sur un énorme ensemble de faits, exempt d'hypothèses, de divinations, de conjectures et d'extrapolations.

89. — De tous les facteurs déterminant les équilibres chimiques, la température et la pression, ainsi que les

(1) L'enveloppe (basique) basaltique s'élève au-dessous des Océans et y est probablement située à une profondeur (prise par rapport au niveau de la mer) proche de 10 kilomètres pour l'Océan Pacifique ; et plus considérable encore pour l'Océan Atlantique. On considère parfois que l'enveloppe granitique sous les continents est d'une grande épaisseur. (Selon Gutenberg, plus de 50 kilomètres sous l'Europe et l'Asie.)

TABLEAU I

ENVELOPPES DE L'ÉCORCE TERRESTRE

I. Enveloppes thermodynamiques	II. Enveloppes des états de la matière	III. Enveloppes chimiques	IV. Enveloppes paragénétiques	V. Enveloppes rayonnantes
1. Enveloppe supérieure. Pression peu considérable. Température basse. 15-600 kilomètres (il se p ut que la région de 100 à 600 kilomètres constitue une autre enveloppe).	*1. L'atmosphère libre. (Stratosphère supérieure.)* Gaz raréfiés. Ions. Electrons. Au-dessus de 80-100 kilomètres. *2. Stratosphère.* Gaz raréfiés (molécules). En haut transition insensible. *3. Troposphère.* Gaz ordinaire, 0-10-13 kilomètres.	*1. Hydrogène ?* Peut être au-dessus de 200 kilomètres de l'azote très raréfié. *2. Hélium ?* 110-200 kilomètres *3. Azote.* Au-dessus de 70 kilomètres. *4. Azote et oxygène.* (Air ordinaire.)	*1. Enveloppe atomique.* Région d'éléments dispersés. Les atomes libres sont stables.	*1. Enveloppe électronique ?* *2. Enveloppe ultra violette.* Radiation des courtes ondes et des rayonnements pénétrants (cosmiques?). Emanations radioactives.
2. Enveloppe superficielle. Pression voisine d'une atmosphère. Température de + 50° jusqu'à —50°.	*4. Enveloppe liquide, l'hydrosphère.* De 0 à 3 km. 800. *5. Lithosphère.* (Enveloppe solide.) L'état cristallin de la matière est caractéristique pour	*5. Hydrosphère aqueuse.* De 0 à 3 km 800. *6. Ecorce d'altération superficielle* L'eau, l'oxygène libre et l'acide carbonique sont carac-	*2.* Gazeuse formée de molécules et d'atomes ? *3. Biosphère.* Région de la vie et des colloïdes.	*3. Enveloppe lumineuse.* Radiations du spectre ordinaire et thermique. Emanations radioactives.

la matière [...] caractéristique pour | bonique sont carac-
...ité. | ...ristiques.

3. *Enveloppe métamorphique supérieure.* (Région de cémentation.) La température n'atteint pas la température critique de l'eau. La pression n'altère pas complètement l'état solide.	a) *Lithosphère supérieure.* Les colloïdes peuvent exister. b) *Lithosphère inférieure.* Cristalline.	7. *Enveloppe sédimentaire.* Enveloppe ancienne d'altération superficielle. Profondeur de 5 kilomètres et davantage.	4. *Région des molécules et des cristaux.* Composés chimiques.	4. *Enveloppe thermique et radioactive.* En bas les rayonnements radioactifs disparaissent graduellement.
4. *Enveloppe métamorphique inférieure.* (Région de l'anamorphisme.) Température dépassant la température critique de l'eau. 5. *Magmasphère.* Profondeur dépassant 20 - 30 kilomètres.	c) *Lithosphère vitreuse.* Absence d'état cristallin solide. Verre pénétré de gaz. Passe en bas à l'état semi-liquide, aqueux, rempli de gaz.	8. *Enveloppe granitique.* (Para et ortogneiss.) Se transforment graduellement en bas en masses vitreuses ou visqueuses. 9. *Enveloppe basaltique,* et peut être plus bas *dunistique* (ou « eclogites ») ?	5. *Magmatique.* Pas de composés ; remplie de gaz.	5. *Radiations thermiques.* Sans processus radioactifs.

enveloppes thermodynamiques qui leur répondent, ont une importance particulière. Car elles existent toujours dans tous les modes de gisement de la matière, dans tous ses états et ses combinaisons chimiques. La construction du cosmos, son modèle, est toujours thermodynamique.

C'est pourquoi la provenance des éléments et les phénomènes de leur histoire géochimique doivent être classés selon les différentes enveloppes thermodynamiques. Dans la suite de notre exposé, nous appellerons *vadoses* les phénomènes et les corps, liés à la deuxième enveloppe thermodynamique superficielle ; *phréatiques* les phénomènes et les corps liés à la troisième et quatrième (métamorphiques), et *juvéniles* les phénomènes et les corps liés à la cinquième enveloppe.

La matière appartenant à la première et sixième enveloppes thermodynamiques ne pénètre pas dans la biosphère ou n'y a pas été observée.

90. — LA MATIÈRE VIVANTE DE PREMIER ET DE SECOND ORDRE DANS LA BIOSPHÈRE. — Les limites de la biosphère sont déterminées en premier lieu par le *champ de l'existence vitale*. La vie ne peut se manifester, que dans un milieu déterminé, dans des conditions physiques et chimiques déterminées.

C'est justement le milieu qui répond à la biosphère. Il est toutefois hors de doute que le champ de la stabilité vitale dépasse les limites de ce milieu. On ignore même de combien il peut le dépasser, car il est impossible d'évaluer quantitativement *la force d'adaptation* des organismes dans l'espace des temps géologiques. L'adaptation dépend évidemment de la durée du temps, elle est une fonction du temps, et se manifeste dans la biosphère en relation étroite avec les millions d'années de son existence. On n'a pas des millions d'années à sa disposition et l'on ne peut actuellement les remplacer dans les expériences par un autre facteur.

Toutes les expériences sur les organismes vivants ont été faites sur des corps qui au cours de temps incommensurables (1) se sont déjà adaptés aux conditions ambiantes, à la biosphère, y ont élaboré les matières et la structure nécessaires à la vie. Ces matières se modifient à travers les temps géologiques ; on ignore toutefois les limites de ces changements et on ne peut les déduire actuellement des investigations relatives à leur caractère chimique (2).

La déduction essentielle à tirer de ces faits, est que la vie englobe dans l'écorce terrestre une partie des enveloppes moins grandes que le champ de son existence possible, bien que l'étude de la nature démontre de manière incontestable l'adaptation de la vie à ces conditions, et l'élaboration de différentes formes d'organismes dans la succession des siècles, en vue de leur existence dans la biosphère.

On ne saurait mieux formuler la synthèse de l'étude séculaire de la Nature, la généralisation empirique inconsciente sur laquelle reposent tout notre savoir et tout notre travail scientifique, qu'en disant que la vie a englobé la biosphère par une lente et graduelle adaptation et que ce processus n'a pas encore atteint son terme (§§ 112, 122). La pression vitale (§§ 27, 52) se fait incessamment sentir autour de nous du fait du

(1) « Le temps immesurable » est une notion anthropocentrique. En fait, il y existe manifestement des lois qui ne sont pas encore établies, et une durée déterminée de l'évolution de la matière vivante dans la biosphère. (Au-dessus de 10^9 années ?)

(2) On cherche souvent les limites de la vie dans les propriétés physiques et chimiques des composés chimiques formant l'organisme, par exemple dans les albumines qui se coagulent à la température de 60-70°. On ne tient cependant pas compte des dispositifs d'adaptabilité complexes de l'organisme. Certaines albumines à l'état sec ne changent pas à la température de 100° (M. E. Chevreul).

débordement par le champ vital des limites actuelles de la biosphère.

Le champ de la stabilité vitale n'est en conséquere que le produit de l'adaptation effectuée au cours des temps. Il ne constitue rien de permanent ni d'immuable : ses limites actuelles ne sauraient donner une idée claire et complète des limites possibles des manifestations vitales.

Ce champ, comme le démontre l'étude de la paléontologie et de l'écologie, s'élargit lentement et graduellement au cours de l'existence de la planète.

91. — Le champ d'existence des organismes vivants n'est déterminé ni par les seules propriétés physico-chimiques de leur matière, ni par le caractère et les propriétés du milieu ambiant, ni par l'adaptation de l'organisme à ces conditions.

Un rôle important et caractéristique est joué par les conditions de la respiration et de l'alimentation des organismes, c'est-à-dire par leur sélection active des matières nécessaires à leur vie.

On a déjà vu le rôle important de l'échange gazeux des organismes, de leur respiration, dans l'établissement de leur régime énergétique et du régime gazeux général de la planète, sa biosphère en particulier.

Cet échange et l'alimentation des organismes, c'est-à-dire le transport de matières solides et liquides que ces organismes effectuent du milieu ambiant dans le champ autonome de l'organisme (§ 82), détermine tout d'abord la région de leur habitat.

Nous avons déjà touché ce phénomène en indiquant l'absorption et la transformation de l'énergie solaire par les organismes verts vivants (§ 42).

Il importe d'y revenir maintenant de manière plus détaillée.

La source où les organismes puisent les matières nécessaires à leur vie, a une importance primordiale dans les phénomènes de l'alimentation et de la respiration.

A ce point de vue, les organismes se distribuent en deux groupes nettement distincts, *la matière vivante de premier ordre*, les organismes *autotrophes*, indépendants dans leur alimentation des autres organismes, et *la matière vivante de second ordre*, les organismes *hétérotrophes* et *mixotrophes*. La distribution des organismes selon leur alimentation en trois groupes, proposée dans les années 1880-1890 par le physiologiste allemand W. Pfeffer, constitue une généralisation empirique importante, riche en conséquences diverses. Elle est de plus grande importance pour l'étude de la nature qu'on ne le pense généralement.

Les organismes autotrophes bâtissent leur corps exclusivement de matières brutes « mortes » ; tous les composés organiques contenant de l'azote, de l'oxygène, du carbone et de l'hydrogène, dont est constituée la masse essentielle de leur corps, sont tirés du règne minéral. Ils transforment eux-mêmes ces corps de la nature brute en composés organiques complexes nécessaires à la vie. Les organismes hétérotrophes utilisent pour leur alimentation les composés organiques déjà existants créés par d'autres organismes vivants. Le travail préliminaire des organismes autotrophes est en fin de compte nécessaire à l'existence des hétérotrophes. Leur carbone et leur azote en particulier sont dans une large mesure totalement tirés de la matière vivante.

L'origine du carbone et de l'azote des organismes mixotrophes est mixte : ils proviennent en partie des matières vivantes, en partie des minéraux, produits bruts de la Nature.

92. — Il est certain que la question de la source à laquelle les organismes puisent les corps nécessaires à

leur vie est plus complexe qu'il ne paraît au premier abord, mais il semble que le classement proposé par W. Pfeffer corresponde à un fait essentiel de toute la nature vivante.

Il n'est pas d'organisme qui ne soit lié, ne fût-ce que partiellement, à la matière brute par sa respiration et son alimentation. La séparation des organismes autotrophes des autres matières vivantes est fondée sur leur indépendance de cette matière, en ce qui concerne *tous les éléments chimiques* ; ils peuvent les puiser tous dans le milieu ambiant, brut, inanimé.

Ils puisent les éléments nécessaires à la vie de molécules déterminées, de composés d'éléments.

Mais en fin de compte, un grand nombre de molécules renfermées dans le milieu de la biosphère, molécules nécessaires à la vie, sont elles-mêmes, le produit de celle-ci, et en son absence ne se trouveraient pas dans le milieu brut. Tels par exemple l'oxygène libre O_2 en totalité, et en grande partie presque tous les gaz tels que CO_2, NH_3, H_2S, etc. Le rôle de la vie dans la genèse des *solutions aqueuses naturelles* n'est pas moins important. Or, les phénomènes de l'alimentation et de la respiration sont indissolublement liés à ces solutions aqueuses. C'est l'eau naturelle et non l'eau chimiquement pure, qui est aussi nécessaire à la vie que l'échange gazeux.

En égard à cette action profonde de la vie sur le caractère des corps chimiques de la matière brute dans le milieu de laquelle la vie se manifeste, il importe d'indiquer les limites de l'indépendance des organismes autotrophes par rapport à la vie. On n'a pas le droit d'en tirer cette conclusion logique, très courante, que les organismes autotrophes d'aujourd'hui pourraient exister seuls sur notre planète. Ils ont non seulement toujours été engendrés par des organismes autotrophes, pareils à eux-mêmes, mais ils ont puisé les éléments nécessaires à l'existence dans des formes de la matière brute créées antérieurement par les organismes.

93. — Ainsi l'oxygène libre est nécessaire à l'existence des organismes autotrophes verts. Ils les créent eux-mêmes avec l'eau et l'acide carbonique. C'est toujours un produit biochimique étranger à la matière brute de la biosphère.

En outre, on ne saurait affirmer qu'il est seul de tous les corps nécessaires à la vie, entièrement lié dans sa genèse à cette vie même. J. Bottomley par exemple, a soulevé le problème de l'importance des composés organiques complexes dissous dans l'eau pour l'existence des plantes vertes aquatiques, qu'il a dénommées auxonomes. Bien que cette hypothèse spéciale ait suscité des doutes et que l'existence des auxonomes ne soit pas établie, J. Bottomley a touché dans ses recherches un fait beaucoup plus général que celui de l'existence des auxonomes. Dans le tableau scientifique de la nature, l'importance des traces imperceptibles et habituellement négligées des composés organiques qu'on trouve toujours dans toute eau naturelle, douce ou salée, ressort toujours davantage. Toutes ces matières organiques, dont la masse à chaque moment subsistante et à nouveau formée dans la biosphère est de multiples quadrillons de tonnes, sinon plus, sont créées par la vie, et l'on ne saurait affirmer qu'elles soient liées dans leur genèse aux seuls organismes autotrophes. Au contraire, on constate à chaque pas l'immense importance au point de vue de l'alimentation des organismes et de la genèse des minéraux (bitumes), des composés de cette espèce, riches en azote, créés par les organismes hétérotrophes et mixotrophes.

Le tableau de la nature rend continuellement ces corps manifestes sans même recourir à l'analyse chimique. Ce sont ces corps auxquels sont dues la formation de l'écume marine ou de l'écume de toute autre eau naturelle ; les pellicules irisées qui recouvrent d'une façon continue les surfaces aquatiques de centaines de milliers, de millions de kilomètres carrés ; ce sont eux qui colorent les fleuves et les lacs marécageux et ceux des toundras, les fleuves noirs et bruns des régions tropicales et subtropicales. Aucun organisme n'est exempt de ces composés organiques, non seulement l'habitant de ces eaux, mais la couche verte elle-même de la terre ferme, dans laquelle ils pénètrent continuellement avec les pluies et les rosées, et surtout avec les solutions du sol.

La quantité des corps organiques dissous partiellement, en dispersion colloïdale, dans les eaux naturelles, oscille entre 10^{-6} et 10^{-2} pour 100. En moyenne leur masse brute est très voisine de leur pourcentage dans l'eau de mer, autrement dit répond à 10^{18} à 10^{20} tonnes. Cette quantité semble surpasser la masse de la matière vivante.

La notion de leur importance pénètre lentement la pensée scientifique contemporaine. Déjà, chez les naturalistes anciens, on se heurte souvent à l'interprétation (à un point de vue parfois inattendu) de ce phénomène grandiose.

Dans les années 1870-80, le naturaliste génial R. Mayer a signalé dans une brève notice le rôle important de ces corps dans la composition des eaux médicinales et dans l'économie générale de la nature. L'étude de la génèse des minéraux vadoses et phréatiques prête à ce rôle un caractère encore plus profond et marquant qu'il ne l'avait supposé.

94. — Mais la genèse biochimique des corps de la nature brute, indispensable à l'existence des organismes autotrophes, ne rend pas moins considérable la différence qui les distingue des organismes hétéro-

trophes et mixotrophes, Il importe seulement de donner une interprétation plus limitée à l'autotrophie, et de ne pas dépasser cette compréhension dans nos jugements.

On appellera autotrophes les organismes de la biosphère actuelle qui puisent tous les éléments chimiques nécessaires à leur subsistance dans la matière brute ambiante, dans les minéraux, et ne sont pas obligés de recourir aux composés organiques préparés par d'autres organismes vivants, pour la construction de leur corps.

On ne saurait embrasser d'une façon sommaire dans la définition de phénomènes naturels le phénomène en entier. Il existe nécessairement des états de transitions ou des cas douteux, par exemple celui *des saprophytes*, qui se nourrissent d'organismes morts et décomposés. Cependant l'alimentation essentielle des saprophytes est presque toujours (et peut-être même toujours) composée d'êtres microscopiques vivants qui pénètrent les cadavres et les restes des organismes.

En considérant la notion d'organismes « autotrophes » comme limitée à la biosphère *actuelle*, on exclut par là même, la possibilité d'en tirer les conclusions qu'elle comporte sur le passé de la Terre, et spécialement sur la possibilité d'un commencement de vie sur la Terre sous forme d'organismes autotrophes quelconques. Car il est certain que la présence préalable de produits vitaux dans la biosphère est indispensable à tous les organismes autotrophes existants (§ 92).

95. — La distinction entre les matières vivantes de premier et de second ordre se fait très nettement sentir dans leur distribution dans la biosphère. La région accessible à la matière vivante de second ordre, liée dans son existence et dans son alimentation aux orga-

nismes autotrophes, est toujours plus étendue que l'habitat de ceux-ci.

Les organismes autotrophes se distribuent en deux groupes nettement distincts : d'une part, les organismes verts à chlorophylle, les plantes vertes, d'autre part, le monde des bactéries caractérisé par leurs très petites dimensions et leur grande intensité de reproduction.

On a déjà vu que les organismes verts à chlorophylle constituaient le mécanisme essentiel de la biosphère, mécanisme qui capte le rayon solaire lumineux et crée par photosynthèse les corps chimiques, dont l'énergie devient dans la suite source de l'énergie chimique active de la biosphère et dans une large mesure, de toute l'écorce terrestre.

Le champ d'existence de ces organismes verts autotrophes se détermine tout d'abord par le domaine de pénétration des rayons solaires (§ 23).

Leur masse est très grande par comparaison avec celle de la matière vivante animale (§ 46) ; elle égale peut-être la moitié de toute la matière vivante. Ils possèdent des adaptations qui leur permettent de capter les rayonnements lumineux faibles et de les utiliser intégralement.

Il est possible qu'à diverses époques la formation de la matière verte ait été plus ou moins intense, mais cette opinion très courante ne peut être considérée comme établie.

L'immense quantité de matière qu'englobent les organismes verts, leur ubiquité, leur pénétration partout où pénètre le rayon solaire suscite parfois l'idée qu'ils constituent la base essentielle de la vie. On admet aussi qu'au cours des temps géologiques ils se sont transformés par évolution en multiples organismes, organismes qui constituent la matière vivante de second ordre. A l'heure actuelle ce sont eux qui déterminent toute l'existence du monde animal, d'une immense quantité d'organismes végétaux sans chlorophylle : champignons, bactéries.

Ils effectuent sur l'écorce terrestre le travail chimique le plus important : ils créent l'oxygène libre; détruisant par photosynthèse des corps oxydés aussi stables, aussi universels que l'eau et l'acide carbonique. Ils ont indubitablement produit ce même travail à travers les lointaines périodes géologiques. Les phénomènes d'altération superficielle démontrent clairement qu'à l'époque archéozoïque l'oxygène libre, a rempli absolument le rôle éminent qu'il joue dans la biosphère actuelle. La composition des produits d'altération superficielle, leurs rapports quantitatifs étaient, comme on peut l'établir, les mêmes à l'archéozoïque, qu'actuellement. Le monde végétal vert a été dans ces temps lointains la source de l'oxygène libre dont la masse était du même ordre que celle d'aujourd'hui. Les quantités de matière vivante verte et d'énergie du rayon solaire (§ 57) qui lui a donné naissance ne devaient pas différer sensiblement à cette époque étrange et lointaine de ce qu'elles sont aujourd'hui.

On n'a cependant pas de restes d'organismes verts de l'archéozoïque. Ces restes ne commencent à paraître sans interruption qu'à partir du paléozoïque. Ils rendent manifeste l'évolution ininterrompue et intense d'innombrables formes de ces organismes, dont le nombre d'espèces atteint de nos temps 200.000 ; la totalité des espèces qui ont existé et existent sur notre planète, nombre non accidentel, ne peut encore être calculé, car le nombre relativement petit de leurs espèces fossiles (plusieurs milliers) ne témoigne que de l'imperfection de nos connaissances. Ce nombre croît à chaque décade, sinon d'année en année.

96. — Les bactéries autotrophes représentent une bien moindre quantité de matière vivante, tandis que l'existence et la portée géochimique des organismes autotrophes verts ont été découvertes et comprises à la fin du XVIIIe siècle, et au début du XIXe, et que les travaux de J. Boussingault, J. B. Dumas, J. Liebig les imposèrent entre 1840 et 1850 à la pensée scientifique, la notion des bactéries autotrophes non liées au rayon solaire et exemptes de chlorophylle découvertes par S. N. Winogradsky, ne date que de la fin du XIXe siècle, mais elle n'exerça pas tout d'abord l'influence qu'elle aurait dû sur la pensée scientifique. Le rôle de ces organismes dans l'histoire géochimique du soufre, du fer, de l'azote, du carbone, est extrêmement important, mais ils ne sont pas très variés ; on n'en connaît pas plus de cent espèces, et par leur masse ils ne peuvent être comparés aux plantes vertes.

Il est vrai qu'ils sont dispersés partout : on les trouve dans le sol, dans la vase des bassins aqueux, dans l'eau de mer ; mais il n'en existe nulle part des quantités comparables à celles des plantes vertes autotrophes de la Terre ferme, sans parler de celles du plancton vert de l'Océan Mondial. Cependant, l'énergie géochimique des bactéries est d'un ordre beaucoup plus élevé que celle des plantes vertes ; elle la dépasse des dizaines, des centaines de fois, et constitue l'énergie maxima pour les matières vivantes. Il est vrai que l'énergie géochimique cinétique par hectare sera finalement du même ordre pour les algues vertes unicellulaires et les bactéries : mais tandis que les algues peuvent atteindre l'état stationnaire maximum en une dizaine de jours, il faut aux bactéries dans des conditions favorables dix fois moins de temps.

97. — Il n'existe qu'un petit nombre d'observations sur la multiplication des bactéries autotrophes. Elles

semblent d'après J. Reinke, se multiplier plus lentement que les autres bactéries ; les observations sur les bactéries de fer (N. G. Cholodny) ne contredisant pas ce fait. Ainsi la scission de ces bactéries se produit une ou deux fois dans les 24 heures ($\Delta = 1$ —2), tandis que cette scission pour les bactéries ordinaires ne saurait être observée que dans des conditions non favorables à leur vie, par exemple le Bacillus ramosus, qui habite les fleuves et qui donne dans des conditions favorables au moins 48 générations dans les 24 heures, n'en donne que quatre à des températures basses (M. Ward).

Si même la lenteur de multiplication se trouvait être un trait de vie caractéristique pour toutes les bactéries autotrophes en général, toujours est-il que leur multiplication dépasserait de beaucoup en intensité celle des plantes unicellulaires vertes.

La vitesse de transmission de leur énergie géochimique dans la biosphère (vitesse v) serait par conséquent beaucoup plus grande que celle de toutes les plantes vertes et on devrait s'attendre à ce que les masses bactériennes dans la biosphère l'emportassent de beaucoup sur les masses des organismes verts, et que le phénomène observé dans la mer pour les algues unicellulaires (§ 51), leur prédominance sur les métaphytes verts, s'étendît aussi aux bactéries : celles-ci devraient prédominer sur les protistes verts de la même manière que ces protistes prédominent sur les métaphytes.

98. — Il n'en est pas ainsi dans la réalité. La raison de l'accumulation restreinte de la matière vivante sous cette forme de vie, est très analogue à celle de la prédominance des métaphytes verts sur les protistes verts de la terre ferme (§ 49).

Leur ubiquité est extrême ; par exemple leur pénétration dans toutes les couches de l'Océan, bien au delà des régions accessibles au rayon solaire, donne à penser que leur quantité relativement peu considérable dans la biosphère, observée pour des variétés aussi diverses que les bactéries azotiques, sulfureuses ou ferriques, ne saurait être attribuée à des causes spécifiques, mais est l'effet d'un phénomène général.

On en trouve la confirmation dans les conditions très particulières de leur alimentation, qui déterminent la possibilité de leur existence. Elles reçoivent toute l'énergie nécessaire à leur vie, en oxydant complètement les composés naturels d'azote, de soufre, de fer, de manganèse, de carbone, insuffisamment ou nullement oxydés. Mais les corps primaires et pauvres en oxygène qui leur sont nécessaires, les minéraux vadoses de ces éléments ne peuvent jamais être amassés dans la biosphère en quantités suffisantes. Car le *domaine de la biosphère* est en somme *la région chimique de l'oxydation*, saturée qu'elle est d'oxygène libre créé par les organismes verts. Dans ce milieu riche en oxygène, ce sont les composés les plus oxydés, les plus richement oxygénés qui constituent les formes les plus stables.

Ces organismes autotrophes doivent en conséquence activement chercher le milieu propice à leur vie. Les adaptations de leur organisation se sont formées en conséquence.

Ils peuvent même (et les bactéries azotiques semblent toujours agir ainsi) oxyder les composés déjà oxygénés, puiser l'énergie nécessaire à la vie en transformant les corps moins oxydés en corps complètement oxydés ; mais la quantité d'éléments chimiques capables de telles réactions dans la biosphère est limitée. D'ailleurs, les mêmes composés stables finaux riches en oxygène, sont créés indépendamment des bactéries par des processus purement chimiques, car la biosphère est précisément le milieu où de telles structures moléculaires sont stables.

99. — *Les bactéries autotrophes se trouvent en état de disette continue.* Il en résulte de nombreuses adaptations à la vie. Ainsi, on observe partout, dans les vases aqueuses, les sources minérales, l'eau de mer, les sols humides, de curieux équilibres secondaires · entre les bactéries qui réduisent les sulfates et les organismes autotrophes qui les oxydent. Les premières établissent les conditions d'existence des seconds.

La répétition innombrable et constante de ces équilibres secondaires indique que ce phénomène fait partie d'un mécanisme régulier. La matière vivante a élaboré ces structures en vue de l'immense pression vitale des bactéries autotrophes (§ 29), qui ne trouvent pas en quantité suffisante dans la biosphère de composés tout prêts, pauvres en oxygène, nécessaires à leur vie. La matière vivante les crée en pareil cas elle-même dans le milieu brut, où ils font défaut.

Des équilibres identiques entre les bactéries autotrophes, qui oxydent l'azote et les organismes hétérotrophes, qui désoxydent les nitrates, sont observés dans l'Océan. C'est un des équilibres merveilleux de la chimie de l'hydrosphère.

L'ubiquité de ces organismes démontre leur immense énergie géochimique, et la grande vitesse de leur transmission vitale ; tandis que leur absence en amas un peu considérables tient au manque de composés pauvres en oxygène dans la biosphère, dans le milieu du dégagement continuel de l'excédent de l'oxygène libre par les plantes vertes. Si ces organismes n'englobent pas des masses considérables de matière vivante, ce n'est que par impossibilité physique, par suite du manque dans la biosphère de composés nécessaires à leur vie.

— 129 —

*Il doit nécessairement exister des rapports **quantitatifs** déterminés, bien qu'inconnus, entre la **quantité** de matière englobée dans la biosphère par les organismes autotrophes verts et celle des bactéries autotrophes.*

100. — On a souvent émis l'opinion que ces curieux organismes, très particuliers, étaient les représentants des plus anciens organismes d'une origine antérieure à celle des plantes vertes. Un des plus éminents naturalistes et penseurs de nos temps, l'américain F. Osborn (1918) a encore dernièrement énoncé ces idées.

L'observation de leur rôle dans la biosphère dément cette opinion. Le lien étroit qui rattache l'existence de ces organismes à la présence de l'oxygène libre, indique leur dépendance des organismes verts, de l'énergie solaire radiante, dépendance qui dans une aussi forte mesure, existe pour les animaux et les plantes sans chlorophylle qui se nourrissent de matières élaborées par les plantes vertes. Car dans la nature, dans la biosphère, tout l'oxygène libre, aliment de ces corps, est un produit des plantes vertes.

Le caractère de leurs fonctions dans l'économie générale de la nature vivante indique aussi leur importance dérivée par comparaison avec celle des plantes vertes. Leur importance est énorme dans l'histoire biogéochimique du soufre et de l'azote, ces deux éléments indispensables à la construction de la matière essentielle du protoplasme, les molécules albumineuses. Cependant si l'activité de ces organismes autotrophes venait à s'arrêter, la vie serait peut-être quantitativement réduite, mais elle demeurerait un mécanisme puissant de la biosphère, car les mêmes composés vadoses, nitrates, sulfates et les formes gazeuses de l'azote et du soufre, l'ammoniaque et l'hydrogène sulfureux, se créent en elle en grande quantité indépendamment de la vie.

Sans vouloir anticiper sur la question de l'auto-trophie (§ 94) et de la génèse de la vie sur la terre, on peut considérer pour le moins comme très probable la dépendance des bactéries autotrophes des organismes verts, et leur formation dérivée par comparaison avec la leur.

Tout indique que ces organismes autotrophes sont des formes vitales qui épuisent l'utilisation de l'énergie du rayon solaire, perfectionnent le mécanisme « rayon solaire, organisme vert », et ne sont pas une forme de vie terrestre indépendante des rayonnements cosmiques.

Le monde hétérotrophe entier, innombrable dans ses formes, monde des animaux et des champignons, des millions d'espèces d'organismes, est une manifestation analogue du même processus.

101. — Ce fait ressort nettement aussi du caractère de la distribution de la matière vivante dans la biosphère, dans le domaine de la vie.

Cette distribution est entièrement déterminée par le champ de stabilité de la végétation verte, en d'autres termes, par le domaine de la planète criblée de lumière solaire.

La masse principale de la matière vivante est concentrée dans ce domaine ; en outre, les amas de vie sont d'autant plus considérables en présence de l'eau que la lumière est plus intense.

C'est encore là que sont amassés les organismes hétérotrophes et les bactéries autotrophes, étroitement liés dans leur existence soit aux produits vitaux des organismes verts (à l'oxygène libre en premier lieu), soit aux composés organiques complexes créés par eux.

Les organismes hétérotrophes et les bactéries autotrophes pénètrent de cette région éclairée par le soleil dans le domaine de la biosphère, privé de **rayons** solaires et de vie verte. Un grand nombre de ces órganismes habitent exclusivement ces sombres **régions de** la biosphère. Il est ordinairement admis que ces **organismes** y ont pénétré de la surface terrestre éclairée **par** le Soleil et se sont graduellement adaptés aux nouvelles conditions de vie. On peut l'admettre, car l'**étude** morphologique du monde animal habitant les cavernes terrestres et les profondeurs marines, indique **parfois** de manière incontestable, que cette faune **provient** d'ancêtre ayant jadis habité les régions éclairées de la planète.

Les amas, les concentrations de vie, dénués **d'orga**nismes verts, acquièrent une importance particulière au point de vue géochimique. Ce sont : la pellicule vitale *du fond* de l'hydrosphère (§ 130), les parties inférieures des *concentrations littorales* océaniques, les *pellicules vitales du fond* des bassins aqueux **de la** terre ferme (§ 158). On verra le rôle immense **joué** par eux dans l'histoire chimique de la planète. **On** peut se convaincre cependant que leur existence **est** étroitement liée, d'une façon directe ou **indirecte**, aux organismes des régions vitales vertes. Il est **non** seulement possible d'établir la genèse de ces **matières** vivantes de second ordre, à partir des organismes habitant les parties de la planète éclairées **par le** Soleil, dans plusieurs cas, grâce à l'étude de **leur** morphologie, dans d'autres, grâce aux recherches paléontologiques : mais l'énergie solaire lumineuse constitue toujours le fondement de leur vie quotidienne.

L'existence même de la pellicule vitale du fond est en relation étroite avec les débris des organismes des régions supérieures de l'Océan, débris qui **tombent** au fond avant même d'avoir eu le temps de se décomposer complètement, ou d'avoir été dévorés **par** d'autres organismes. C'est dans la partie de la **planète** éclairée par le Soleil, dans la lumière solaire, qu'il faut ainsi chercher la source finale de l'énergie de cette pellicule. L'oxygène libre, fruit du travail des organismes verts sur notre planète, pénètre à partir de l'atmosphère dans l'eau de mer, et dans ses sombres profondeurs. Cette source biochimique de l'oxygène libre est la seule qu'on connaisse. Les organismes anaérobes, caractéristiques pour les parties inférieures de la pellicule vitale du fond, sont soumis dans leur vie à une dépendance étroite des organismes aérobes et de leurs débris, qui leur servent d'alimentation.

Tout indique que ces manifestations vitales se trouvent dans les régions privées de lumière en état d'évolution perpétuelle et que leur champ devient de plus en plus vaste.

Une pénétration lente et continue de la matière vivante dans les deux sens à partir de la couche verte dans les régions azoïques de la planète, semble s'effectuer à travers les temps géologiques et même de nos jours.

C'est cette étape de leur extension du domaine de la vie qu'on traverse en ce moment.

102. — La création biochimique de nouvelles formes d'énergie lumineuse par la matière vitale hétérotrophe peut être une des manifestations de cette extension vitale.

La phosphorescence des organismes, le rayonnement biogène des ondes lumineuses, identiques par leur longueur à celles des effluves cosmiques du Soleil à la surface terrestre devient plus intense dans les profondeurs marines ; elle donne naissance à l'énergie vitale et produit les changements chimiques de la planète.

On sait que la manifestation de ces rayonnements lumineux secondaires, la phosphorescence de la surface de la mer, ininterrompue sur des centaines de milliers de kilomètres carrés, permet aux organismes verts du plancton de produire leur travail chimique aux heures où l'énergie lumineuse de l'astre central ne parvient pas jusqu'à eux.

La phosphorescence des organismes des profondeurs océaniques est-elle la manifestation nouvelle du même mécanisme ? S'y produit-il une recrudescence de vie en raison de la transmission de l'énergie cosmique du Soleil, à des profondeurs de plusieurs kilomètres au-dessous de la surface où, sans l'aide de ce mécanisme, l'énergie cosmique ne pourrait parvenir ? Nous l'ignorons. On ne doit toutefois pas oublier que les expéditions océanographiques ont rencontré des organismes vivants verts à des profondeurs dépassant de beaucoup la région de pénétration des rayons solaires. «Valdivia» rencontra l'algue Halionella vivante dans l'Océan Pacifique à une profondeur d'environ deux kilomètres.

Si la matière vivante était capable de transporter dans de nouveaux domaines l'énergie lumineuse du soleil, non seulement sous la forme de composés chimiques instables dans l'enveloppe thermodynamique correspondant à la biosphère (§ 82), c'est-à-dire sous forme d'énergie chimique, mais aussi sous la forme d'énergie lumineuse de formation secondaire, ce serait là l'indice dans l'histoire de la biosphère, provisoire peut-être, d'une petite extension du domaine principal de la photosynthèse, d'un ordre analogue à l'énergie lumineuse créée par la vie de l'humanité civilisée.

Cette nouvelle énergie lumineuse, que crée l'homme dans la biosphère, est utilisée par la matière vivante verte, mais elle ne se répercute dès maintenant que par des fractions insignifiantes dans la photosynthèse cosmique générale de la planète.

En fin de compte, la matière vivante verte, qui détermine sur la Terre le domaine de l'existence de la vie, est en relation avec la lumière solaire.

Dans tout notre exposé ultérieur, nous dégagerons cette partie capitale de la matière vivante, pour y rapporter toutes les autres manifestations vitales.

103. — LES LIMITES DE LA VIE. — Le champ de la stabilité de la vie dépasse les limites de la biosphère ; les variables indépendantes qui le déterminent : température, composition chimique, etc., vont bien au delà de ses limites caractéristiques.

Le champ de la stabilité de la vie détermine la région où la vie peut atteindre son plein épanouissement. Ce champ ne semble ni rigoureusement déterminé ni immuable.

La caractéristique de la matière vivante est sa mutabilité, son adaptabilité aux conditions extérieures de l'existence. Grâce à quoi, les organismes vivants peuvent au cours de quelques générations s'adapter à vivre dans des conditions qui leur eussent jadis été funestes.

On est actuellement hors d'état de déterminer ces possibilités fût-ce au moyen d'une expérimentation intense : on ne dispose pas sur l'échelle géologique du temps nécessaire à la manifestation de cette adaptation. La matière vivante, l'ensemble des organismes vivants, n'est pas une matière inerte : c'est un équilibre mobile, exerçant une pression sur le milieu ambiant, pression reliée au temps, mais de manière inconnue.

Un tel champ de stabilité de la vie, lié à l'adaptation des organismes, est en outre *hétérogène*. Il se divise nettement en deux champs : le *champ de gravitation* pour les organismes plus volumineux, et le *champ de forces moléculaires* qui est habité par de petits organismes, au-dessous de 10^{-4} centimètres de dimensions,

microbes, ultramicrobes, etc., dont la vie, et en par-
culier les mouvements sont déterminés dans leur
partie principale, non par la gravitation, mais par les
radiations lumineuses et autres.

La dimension de chacun des deux champs est déterminée par l'adaptation des organismes : l'une et l'autre
ne sont qu'imparfaitement connues.

Nous tiendrons compte : 1º de la température;
2º de la pression; 3º de l'état de la matière du milieu;
4º du chimisme du milieu; 5º de l'énergie lumineuse.
Ce sont là les caractéristiques les plus importantes des
deux champs de stabilité.

104. — On doit en outre distinguer des conditions de
deux sortes : 1º celles qui ne dépassent pas la force
d'endurance de la vie et ne la privent pas de l'exercice
de toutes ses fonctions, c'est-à-dire les conditions qui,
bien que faisant souffrir l'organisme, ne le font pas
périr; 2º les conditions qui lui permettent de se
multiplier, c'est-à-dire d'augmenter la masse vivante,
et l'énergie active de la planète.

Il se peut qu'en raison du lien génétique qui unit
toute la matière vivante, ces conditions soient à peu
près les mêmes pour tous les organismes. Mais ce
domaine est bien plus restreint pour la couche végétale
verte que pour les organismes hétérotrophes.

En fin de compte cette limite est déterminée par les
propriétés physico-chimiques *des composés* qui constituent l'organisme, par leur stabilité dans les conditions spécifiques du milieu. Mais il existe un certain
nombre de cas indiquant qu'avant la destruction des
composés, ce sont les mécanismes formés par eux
et déterminant les fonctions de la vie qui se détruisent.

Les composés mêmes, ainsi que les mécanismes
construits par eux se modifient incessamment au

cours des temps géologiques, en s'adaptant au changement du milieu vital.

Le champ vital actuel maximum, peut être illustré par les exemples extrêmes de survivance d'organismes déterminés.

105. — La température la plus élevée, que l'organisme puisse supporter sans périr, s'approche pour certains êtres hétérotrophes, surtout à l'état latent de leur existence, par exemple pour les spores des champignons, de 140° C. Cette limite varie selon la sécheresse ou l'humidité de l'habitat de l'organisme.

Les expériences de L. Pasteur sur la génération spontanée, ont établi qu'une élévation de température atteignant jusqu'à 120° C dans un milieu humide ne détruisait pas tous les spores des microbes. Cette destruction n'exigerait pas moins de 180° C. (M. Duclaux) (1). Dans les expériences de M. Christen, les bactéries du sol ont résisté cinq minutes à 130° C et une minute à 140° C. Les spores d'une bactérie décrite par M. Zettnow, soumises 24 heures (B. L. Oméliansky) à l'action d'un courant de vapeur d'eau, n'ont pas été anéantis.

Le champ de stabilité est plus vaste aux températures basses. Les expériences de l'Institut Jenner à Londres ont démontré la stabilité, dans l'hydrogène liquide, de spores de bactéries au cours de 20 heures à — 252° C. M. Mackfaydan a signalé des microorganismes qui se sont conservés intacts dans l'air liquide, pendant un grand nombre de mois, à une température

(1) Cette impression des collaborateurs de L. Pasteur au temps de sa célèbre discussion avec G. Pouché semble avoir une importance plus grande pour la détermination de la température maxima du champ thermique vital que les expériences sur les cultures pures. Elle est fondée sur l'étude des propriétés des infusions de foin, qui sont plus voisines du milieu complexe de la vie sur l'écorce terrestre, que nos cultures pures.

de — 200° C. Dans les expériences de P. Becquerel, les spores des mucorinées sont restées 72 heures dans le vide à une température de — 253° C., sans perdre leur capacité vitale ; de même des germes de plantes les plus diverses ont résisté à un séjour de 10 heures et demie dans le vide à une température encore plus basse, de — 269° 2 C.

On peut ainsi estimer l'intervalle de 450 degrés comme le champ thermique limite dans lequel certaines formes vitales actuelles peuvent subsister sans périr. Cet intervalle est nettement moins considérable pour la végétation verte. Il n'existe pas d'expériences très précises à ce sujet, mais il est douteux que cet intervalle dépasse 160° — 150° (de + 80° jusqu'à — 60°).

106. — Les limites de la pression, du champ vital dynamique peuvent être reculées très loin. Les expériences de G. Chlopine et de G. Tammann ont prouvé que les mucorinées, les bactéries, les levures supportaient la pression de 3.000 atmosphères sans changement apparent de leurs propriétés. La vie des levures se conserve à une pression de 8.000 atmosphères. D'autre part, les formes vitales latentes, semences ou spores, peuvent se conserver longtemps dans le vide, c'est-à-dire à des pressions de millièmes d'atmosphère. Il ne semble pas y avoir de différence entre les organismes hétérotrophes et les organismes verts (spores, semences).

107. — L'importance qu'ont les ondes d'énergie lumineuse d'une certaine longueur pour les plantes vertes a été souvent indiquée. C'est là la base de toute la structure de la biosphère. Les organismes verts périssent plus ou moins vite en l'absence de ces rayonnements. Les organismes hétérotrophes et les bactéries autotrophes, du moins certains d'entre eux,

peuvent vivre dans l'obscurité, mais le caractère du milieu de cette « obscurité » (de longues ondes infrarouges) n'a pas été étudié.

On sait d'autre part que les ondes courtes d'une longueur déterminée constituent une barrière infranchissable à la vie.

Le milieu propre aux très courtes ondes (§ 114) des rayons ultra-violets, est inanimé. Les expériences de M. Becquerel ont démontré que ces rayons, caractérisés par une vibration intense, tuaient toutes les formes vivantes en un temps très court. Le milieu de la présence de ces rayons, tel l'espace interplanétaire, est inaccessible à toutes les formes de vie qui se sont adaptées à la biosphère, bien que ni la température, ni la pression, ni le caractère chimique de cet espace n'y fassent obstacle. Il importe de soumettre les confins de la vie dans les diverses régions de l'énergie rayonnante à l'étude la plus exacte et détaillée par suite de la relation, qui, on le voit, existe entre le développement de la vie dans la biosphère et la radiation solaire.

108. — L'échelle des changements chimiques que la vie peut subir est énorme. Les organismes anaérobes découverts par L. Pasteur prouvaient que la vie existait dans un milieu privé d'oxygène libre. Les limites de la vie, admises antérieurement, furent considérablement élargies par cette découverte.

Les organismes autotrophes découverts par S. Winogradsky, ont établi que la vie pouvait exister dans un milieu purement minéral sans composés organiques préalablement formés.

Les spores et les semences, formes vitales latentes, semblent pouvoir demeurer un temps indéfini parfaitement intacts en un milieu privé de gaz et d'eau, absolument sec.

En même temps, diverses formes de vie peuvent impunément exister dans les milieux chimiques les plus divers, dans les limites du champ d'existence vital thermodynamique. Le Bacillus boracicolla, qui habite les sources boriques chaudes de la Toscane, peut vivre dans une solution saturée d'acide borique ; il supporte aisément la solution d'acide sulfurique de 10 pour 100 à une température ambiante habituelle (M. Bargagli Petrucci 1914). On connaît beaucoup d'organismes, principalement les mucorinées, vivant dans de fortes solutions de différents sels, meurtrières pour d'autres organismes. Certains de ces organismes vivent en solution saturée de vitriol, de nitrate, de niobate de potassium. Le Bacillus boracicolla cité plus haut résiste aux solutions 0,3 pour 100 de sublimé, tandis que d'autres bactéries et infusoires supportent même les solutions qui en sont saturées (M. Besredka, 1925) ; les levures vivent en solution d'hydrofluorure de sodium. Les larves de certaines mouches ne périssent pas en solution de formaline de 10 pour 100. Il y a des bactéries qui se multiplient dans une atmosphère d'oxygène libre (Mme V. Henri, 1914).

Ces phénomènes sont relativement peu étudiés, mais l'adaptation des formes vitales y paraît illimitée.

Toutefois, il ne s'agit là que des organismes hétérotrophes. Le développement des organismes verts exige la présence de l'oxygène libre (ne fût-ce, qu'en solution aqueuse). Les solutions salines saturées rendent déjà impossibles le développement de ces formes de la vie.

109. —Bien que certaines formes vitales puissent exister à l'état latent, sans périr en milieu privé d'eau, absolument sec, *l'eau* à l'état fluide et gazeux est une condition nécessaire de la croissance et de la multiplication des organismes, de leur manifestation dans la biosphère.

L'énergie géochimique des organismes, sous forme de leur multiplication, passe de la forme potentielle à la forme libre seulement en présence de l'eau, contenant en solution les gaz nécessaires à leur respiration.

L'importance de l'eau saute aux yeux pour la végétation verte et est depuis longtemps généralement reconnue. La base de toute vie, la vie verte, ne peut exister sans eau.

Toutefois, dans les derniers temps, on a pu pousser plus avant l'élucidation du mécanisme de l'action de l'eau. L'importance que présente pour la vie la réaction acide ou alcaline des solutions aqueuses dans lesquelles les organismes vivent, ainsi que le degré et le caractère de leur ionisation, est devenue plus évidente.

Le rôle de ces phénomènes est énorme, car la masse principale de la matière vivante, exprimée en poids, est concentrée dans l'eau naturelle de la biosphère et les conditions vitales de tous les organismes sont en relation étroite avec les solutions aqueuses naturelles. La matière de tous ces organismes est principalement formée de solutions aqueuses ou des sols aqueux (1). Le protoplasme peut être considéré comme un sol aqueux où les coagulations et les changements colloïdaux se produisent dans les liquides internes des organismes. Les phénomènes d'ionisation ont lieu partout. Grâce à l'incessante action réciproque qu'exerce l'une sur l'autre d'une part les solutions aqueuses ambiantes, de l'autre les liquides internes des organismes habitant ces eaux naturelles, les rapports d'ionisation des deux milieux acquièrent une grande importance.

Il est possible d'établir par de subtils procédés d'in-

(1) Les organismes contiennent en poids de 60 à 99 pour 100 d'eau (peut-être même plus), c'est-à-dire sont composés pour 80-100 pour 100 de solutions aqueuses et de sols aqueux.

vestigation le changement précis de l'ionisation qui s'y produit. C'est un moyen excellent pour l'étude du changement du milieu principal, de la concentration de la vie.

L'eau de mer contient à peu près 10^{-9} pour 100 d'ions H+, elle est légèrement alcaline, et cette petite prédominance d'ions OH- négatifs sur les ions H+ positifs se maintient généralement de façon continue et se rétablit constamment malgré les nombreux processus chimiques qui s'effectuent dans la mer (ionisation Hp = 8).

Cette ionisation est très favorable à la vie des organismes marins ; les plus légères oscillations ont toujours une répercussion sur la nature vivante, positive ou négative selon les organismes.

Il est devenu clair que la vie ne peut exister que dans certaines limites d'ionisation, entre 10^{-6} pour 100 H+ et 10^{-10} pour 100 H+ (c'est-à-dire $Hp = 5\text{-}10$). Au-delà de ces limites, elle n'y est plus possible.

110. — L'état de la matière du milieu a une importance extrême pour la manifestation vitale.

La vie semble pouvoir se conserver sous forme latente dans le milieu de tous les états de la matière : liquide, solide, gazeux ainsi que dans le vide complet. Les expériences démontrent du moins que les semences peuvent se conserver un certain temps sans échange gazeux — c'est-à-dire dans toutes les phases de la matière — dans les limites du champ thermique vital. Mais l'organisme vivant, lors du plein développement de ses fonctions, est nécessairement lié dans son existence à la possibilité d'un échange gazeux (la respiration) et à la stabilité des systèmes colloïdaux, formant son corps.

C'est pourquoi les organismes ne peuvent exister que dans un milieu où cet échange peut se produire, liquide, gazeux ou colloïdal. Ils ne peuvent être observés dans un milieu solide et n'y ont effectivement été trouvés que dans des corps poreux, accessibles à l'échange gazeux. Cependant, par suite des très petites dimensions d'un grand nombre d'organismes, des corps assez compacts peuvent leur servir d'habitat.

Mais un milieu liquide, solution ou colloïde *privé de gaz* ne peut tenir lieu de domaine vital.

On se retrouve en présence de l'importance exceptionnelle de l'état gazeux de la matière, dont il a été question plus d'une fois dans ces essais.

III. — LES LIMITES DE LA VIE DANS LA BIOSPHÈRE. — Il résulte de là que la biosphère est par sa structure, sa composition et ses conditions physiques, entièrement comprise dans le domaine de la vie. La vie s'est adaptée à ses conditions et il n'y existe pas d'endroit où elle ne puisse se manifester d'une manière où d'une autre.

Ce fait est absolument exact dans les conditions habituelles et normales de la biosphère, mais non en cas de perturbations passagères, nuisibles à la vie, ne pouvant toutefois être considérées comme caractéristiques. Ainsi les cratères des volcans pendant les éruptions et les surfaces non consolidées des laves sont inaccessibles à la vie dans les conditions de la biosphère.

Les exhalaisons volcaniques toxiques (par exemple les gaz chlorhydriques et fluorhydriques) et les sources chaudes, qui accompagnent les processus volcaniques, sont des phénomènes temporaires, comme l'absence de vie qui les caractérise. Des phénomènes analogues, plus durables, par exemple les sources thermales permanentes à une température voisine de 90°, sont déjà captés par des organismes particuliers, qui se sont adaptés à ces conditions.

On ignore si les solutions salines naturelles, chargées de plus de 5 pour 100 de sel, ne sont pas quelquefois inanimées. La Mer Morte en Palestine est considérée comme étant le plus grand bassin d'eau salée de ce genre. Il est toutefois vérifié que certaines des eaux acides naturelles hydrosulfureuses ou chlorhydrées, dont l'ionisation n'est pas au-dessous de 10^{-11} pour 100 H+, doivent être inanimées (§ 109). Elles ne forment en fait que des bassins insignifiants.

112. — On peut considérer que l'enveloppe terrestre pénétrée par la matière vivante répond entièrement au champ de l'existence vitale. Cette enveloppe est continue, ainsi que l'atmosphère, et elle se distingue par là d'enveloppes discontinues telles que l'hydrosphère.

Or, le champ terrestre accessible à la vie est loin d'être complètement occupé par la matière vivante. Une lente pénétration par la vie des régions nouvelles y est observée, comme un envahissement de ce champ à travers les temps géologiques.

Il importe de distinguer dans le champ terrestre vital : 1º la région de pénétration temporaire de la vie, où les organismes ne sont pas soumis à un brusque anéantissement; 2º la région de leur existence stable nécessairement liée aux manifestations de la multiplication.

Les confins vitaux, extrêmes dans la biosphère, offrent probablement des conditions absolues pour tous les organismes. Il suffit qu'une seule de ces conditions (variables indépendantes de l'équilibre) atteigne une grandeur insurmontable pour la matière vivante, ne fût-ce que la température, la composition chimique ou l'ionisation du milieu, ou enfin la longueur d'onde des rayonnements.

Les définitions de cette espèce n'ont rien d'absolu. Ce qu'on appelle adaptation de l'organisme, son aptitude à se défendre contre les conditions pernicieuses du milieu, est immense, et les limites de cette adaptation sont non seulement inconnues, mais s'élargissent au cours des temps planétaires, temps de l'existence des générations ininterrompues des êtres organisés provenant les uns des autres.

En établissant ces limites sur la base de l'adaptation de la vie actuellement observée, on s'engage nécessairement dans le domaine d'extrapolations, toujours hasardeux et incertain. En particulier, l'homme doué d'entendement et sachant diriger sa volonté, peut atteindre de façon directe ou indirecte des régions inaccessibles à tous les autres organismes vivants.

Etant donné l'unité indissoluble de tous les êtres, vivants qui saute aux yeux, lorsqu'on embrasse la vie comme un phénomène planétaire, cette capacité de l'*Homo sapiens* ne peut être envisagée comme un phénomène accidentel. Il s'ensuit de là que la question de l'immutabilité des limites vitales dans la biosphère demande à être traitée avec prudence.

113. — Un tel caractère des confins vitaux, basé sur la présence ou l'existence stable d'organismes sous leurs formes et leur amplitude contemporaine d'adaptation, démontre nettement le caractère de la biosphère en qualité d'*enveloppe* terrestre, car les conditions qui rendent la vie impossible se manifestent simultanément sur toute la planète. Il suffit par suite de déterminer les limites supérieures et inférieures seules du champ vital. *La limite supérieure* est déterminée par l'*énergie rayonnante*, dont la présence exclut la vie. *La limite inférieure* est posée par des *températures si hautes* que la vie y devient nécessairement impossible. Dans les limites ainsi établies, la vie englobe, mais non entièrement, une enveloppe thermodynamique, trois enveloppes chimiques et trois

= 145 =

enveloppes d'état de la matière (§ 88). L'importance de ces trois dernières : troposphère, hydrosphère et partie supérieure de la lithosphère, se manifeste avec le plus de netteté dans ces phénomènes et nous les prendrons pour base de notre exposé.

114. — Selon toute apparence, la vie ne peut sous aucune de ses formes naturelles dépasser les bornes des régions supérieures de la stratosphère. Ainsi que le démontre notre premier tableau (§ 88), au-dessus de la stratosphère commence une autre enveloppe paragénétique où l'existence des molécules chimiques ou de leurs composés plus complexes est très douteuse. C'est la région de la raréfaction maximum de la matière. Elle demeure telle, admettant même l'exactitude des nouveaux calculs du prof. B. Fessenkoff (1923-24), qui lui prêtent de plus grandes quantités de matière que l'on n'avait antérieurement supposé. B. Fessenkoff admet que la stratosphère contient à la hauteur de 150 à 200 kilomètres une tonne de matière par kilomètre cube (1). Le mode de gisement nouveau des éléments chimiques de cette matière raréfiée n'est pas seulement le résultat de sa raréfaction, de la diminution des collisions des particules gazeuses, de l'agrandissement de leurs trajectoires libres. Ce mode est en relation avec l'action puissante des rayons solaires, ultra-violets et d'autres encore, provenant peut-être aussi des espaces cosmiques, atteignant sans obstacles les limites extrêmes de notre planète (§ 8). On sait que les rayons ultra-violets sont des agents chimiques très actifs. En particulier les rayons à très courtes ondes, au-dessous de 200 millimètres (160 à 180 $\mu\mu$), anéantissent toute vie, les spores les plus stables dans

(1) Selon d'autres calculs les nombres sont plus de mille fois moindres ; une tonne par 100 kilomètres cubes, un kilogramme par 200 kilomètres cubes.

un milieu sec ou vide. Il semble cependant certain que ces rayons éclairent ces régions lointaines de la planète.

115. — Ils ne vont pas plus bas, du fait de leur complète absorption par l'ozone, perpétuellement formé en quantités relativement considérables à partir de l'oxygène libre et peut-être de l'eau, par l'action des mêmes rayons ultra-violets pernicieux à la vie, arrêtés par l'ozone.

Si l'on réunissait la totalité de l'ozone à l'état pur, il formerait selon MM. C. Fabry et Buisson une couche de 5 millimètres d'épaisseur. Mais ces petites masses d'ozone, même sous forme de molécules en dispersion dans les gaz atmosphériques, sont assez considérables pour arrêter le passage des rayonnements pernicieux à la vie.

Si l'ozone se détruit, il se reconstitue aussi continuellement, car les radiations de longueur inférieure à 200 millimètres rencontrent constamment dans la stratosphère, du moins dans ses parties inférieures, une quantité surabondante d'atomes d'oxygène.

La vie est ainsi protégée dans son existence par *l'écran d'ozone, d'une épaisseur de 5 millimètres*, qui sert de limite naturelle supérieure de la biosphère.

Il est caractéristique que l'oxygène libre nécessaire à la création de l'ozone se forme dans la biosphère seulement par des procédés biochimiques ; il disparaîtrait nécessairement de celle-ci lors de la cessation de la vie. *La vie créant l'oxygène libre dans l'écorce terrestre, crée par là même l'ozone et protège la biosphère des rayonnements pernicieux des ondes courtes des astres célestes.*

Il est évident que la manifestation la plus récente de la vie, l'homme civilisé, peut se protéger d'une autre façon et pénétrer impunément au delà de l'écran d'ozone.

116. — L'écran d'ozone ne détermine que la limite supérieure de la vie virtuelle. En réalité, celle-ci prend fin bien au-dessous de cette limite dans l'atmosphère. Les plantes autotrophes vertes, ne se développent pas au-dessus des forêts, des champs, des prairies et des herbes de la terre ferme. Il n'existe pas de cellules vertes dans le milieu aérien. Ce n'est que par accident et seulement à une petite hauteur que l'embrun de l'Océan soulève les cellules vertes du plancton.

Ce n'est que par voie mécanique, ou par des dispositifs élaborés pour le vol, que les organismes peuvent monter au-dessus de la végétation verte. Les organismes verts ne peuvent pénétrer dans l'atmosphère ni à grande distance, ni pour longtemps par cette voie. Par exemple, les plus petits spores, ceux des conifères et des cryptogames, pauvres en chlorophylle, ou privés de ce corps, sont probablement les masses les plus considérables d'organismes verts dispersées et soulevées par le vent parfois à une grande hauteur, mais pour de courts espaces de temps.

La masse principale de la matière verte pénétrant l'atmosphère appartient au second ordre. Tous les organismes volants y sont contenus. La couche verte, limite supérieure de la transformation des radiations solaires en énergie chimique terrestre, est située à la surface de la terre ferme et à celle de la couche supérieure de l'Océan ; cette couche ne s'élève pas considérablement dans l'atmosphère. Son domaine d'existence est cependant devenu plus vaste au cours des temps géologiques.

Grâce à la tendance de la plante verte à capter le maximum d'énergie solaire, elle a pénétré bien avant dans les couches inférieures de la troposphère ; elle est montée à une hauteur de plus de 100 mètres au-dessus de sa surface sous forme de grands arbres et de leurs massifs (50 mètres et plus). Ces formes vitales semblent s'être élaborées à l'époque du paléozoïque.

117. — La vie pénètre dans l'atmosphère et s'y maintient longtemps, principalement sous forme de très petites bactéries et de spores, habitant sur les animaux des espèces volantes. Ses concentrations relativement considérables, en grande partie à l'état latent (spores d'organismes microscopiques), ne peuvent être observées que dans les régions de l'enveloppe aérienne où pénètre la poussière de la surface terrestre. Cette atmosphère poussiéreuse est principalement en relation avec la terre ferme. Selon A. Klossowsky (1910), la poussière atteint en moyenne une hauteur de 5 kilomètres ; selon M. Mengel (1922), les grandes masses de poussière ne montent pas au-dessus de 2 km. 800. Toutefois, c'est la matière brute qui en constitue la partie principale.

Sur les cimes des montagnes, l'air est très pauvre en organismes, mais il en existe quand même. Selon L. Pasteur on ne découvre en moyenne dans les milieux nutritifs que 4 à 5 microbes pathogènes par centimètre cube au maximum. M. Flemming n'a reconnu qu'un microbe pathogène au plus par trois litres à la hauteur de 4 kilomètres. En apparence, la microflore des couches supérieures de l'air devient plus pauvre en bactéries et plus riche en levures et en champignons mucorinés (B. Omeliansky).

Il est certain que cette microflore pénètre au delà des limites moyennes de l'atmosphère poussiéreuse (5 kilomètres), mais les observations précises sont malheureusement peu nombreuses. Cette flore peut être transportée jusqu'aux limites de la troposphère (9 à 13 kilomètres), car les mouvements des gaz, vents et courants d'air, observés à la surface terrestre, montent à cette hauteur.

Il est douteux que ces ascensions aient joué un rôle quelconque dans l'histoire de la terre, vu l'état latent de la masse principale de ces organismes et leur imperceptibilité dans la masse, bien que raréfiée, du gaz brut dans lequel ils sont en dispersion.

118. — La question de savoir si les animaux dépassent les confins de la troposphère n'est pas éclaircie. Il est vrai qu'ils s'élèvent parfois bien au-dessus des plus hauts sommets des montagnes, toujours situés encore dans le domaine de la troposphère, c'est-à-dire qu'ils atteignent sa limite supérieure.

Ainsi, selon les observations de A. Humboldt, le condor s'élève dans son vol jusqu'à 7 kilomètres au-dessus de la surface terrestre; il a observé des mouches sur le sommet du Chimborazo (5.882 mètres).

Ces observations de A. Humboldt et de quelques naturalistes anciens ont été réfutées par des ornithologistes plus récents qui ont étudié la migration des oiseaux dans les stations de leur passage. Mais les dernières observations de M. Wollastone (1923) et des autres membres de l'expédition anglaise de l'Éverest, prouvent que certains oiseaux de proie des montagnes volent ou planent autour des cimes les plus hautes, à plus de 7 kilomètres (7.540 mètres). Les corneilles de l'Himalaya ont été observées jusqu'à 8 km. 200.

Ce sont cependant des espèces spécifiques déterminées. La plupart des espèces d'oiseaux, même des pays montagneux, ne s'élèvent pas en dehors des cimes élevées, au-dessus de 5 kilomètres. Les aviateurs ne les ont pas rencontrés au-dessus de 3 kilomètres (aigle).

On a observé des papillons à la hauteur de 6 km. 400; des araignées jusqu'à 6 km. 700; des pucerons jusqu'à 8 km. 200. Certaines plantes (Arenaria muscosa et Delphinium glaciale) vivent à la hauteur de 6 km. 200 à 6 km. 300 (M. Hingston, 1925).

119. — C'est l'homme qui monte à la hauteur la plus considérable de la stratosphère emportant avec lui inconsciemment et nécessairement les formes vitales qui l'accompagnent, ou se trouvent sur lui ou dans ses produits.

La région accessible à l'homme devient toujours plus vaste avec le développement de la navigation aérienne et est déjà supérieure à la région vitale, à laquelle l'écran ozonique sert de limite.

Ce sont les ballons-sondes qui atteignent la hauteur la plus considérable. Leurs matériaux renferment toujours des représentants de la vie. Un ballon-sonde de cette espèce, lancé le 17 décembre 1913 à Pavie atteignit la hauteur de 37 km. 700.

L'homme lui-même s'élève dans ses appareils au-dessus des plus hautes montagnes. Déjà G. Tissandier (1875) et J. Glaisher (1868) avaient presque atteint ces limites en ballons aérostatiques, le premier jusqu'à 8 km. 600, le second jusqu'à 8 km. 830.

Les ascensions ont touché, avec le développement des aéroplanes, les limites mêmes de la troposphère. Le Français M. Callisot et l'Américain M. MacRady (1925) sont montés jusqu'à 12 kilomètres et 12 km. 100, or, ce record sera évidemment bientôt dépassé.

Pour les agglomérations permanentes de l'homme, les villages atteignent 5 km. 100 à 5 km. 200 (Pérou, Thibet) ; les chemins de fer 4 km. 770 (Pérou) ; les champs d'orge jusqu'à 4 km. 650.

120. — En résumé, on peut l'affirmer, la vie qui se manifeste dans la biosphère n'atteint sa limite terrestre, l'écran d'ozone, qu'en des cas rares et exceptionnels. Dans leurs masses principales, non seulement la stratosphère, mais les couches supérieures de la troposphère sont inanimées.

Il n'est pas d'organisme qui vive toujours dans

le milieu aérien. Une mince couche de l'atmosphère comptant quelques dizaines de mètres, habituellement bien au-dessous de 100 mètres, peut seule être tenue pour animée de vie.

Il est certain que cette conquête de l'air est un nouveau phénomène dans l'histoire géologique de la planète : elle n'a pu être réalisée que grâce au développement des organismes terrestres subaériens, les plantes d'abord (précambrien ?), les insectes, les vertébrés volants (paléozoïque ?), les oiseaux depuis l'ère mézozoïque. On a des indications sur le transport mécanique de la microflore et des spores depuis les périodes géologiques les plus reculées. Mais ce n'est qu'à partir du moment de l'apparition de l'humanité civilisée que la matière vivante fait un grand pas vers la conquête de toute l'atmosphère.

L'atmosphère n'est pas une région vitale indépendante. Ses minces couches ne constituent au point de vue biologique qu'une partie des couches adjacentes de l'hydrosphère et de la lithosphère. Ce n'est que dans la lithosphère que les couches atmosphériques commencent à faire partie des agglomérations et des pellicules vitales (§ 150).

L'influence énorme exercée par la matière vivante sur l'histoire de l'atmosphère se trouve en relation non avec sa présence immédiate dans le milieu gazeux, mais avec son échange gazeux, avec la création biogène de nouveaux gaz et avec leur migration dans l'atmosphère, ainsi qu'avec leur dégagement et leur absorption dans ce milieu gazeux.

Cette action de la matière vivante sur la chimie de l'atmosphère se manifeste par la modification soit de la mince couche gazeuse adjacente à la surface terrestre, soit des gaz en solution dans les eaux naturelles.

L'effet grandiose final, l'englobement de toute l'enveloppe gazeuse de la planète par l'énergie vitale, en raison de la pénétration des produits gazeux de la vie en tout lieu (l'oxygène libre tout d'abord), est la conséquence des propriétés de l'état gazeux de la matière et non des propriétés des matières vivantes.

121. — Théoriquement la limite inférieure de la vie sur la Terre devrait être aussi évidente et aussi nette que sa limite supérieure dressée par l'écran d'ozone.

Cette limite doit être déterminée par une intensité de température rendant l'existence de l'organisme et son développement absolument impossibles, par suite des propriétés des composés dont l'organisme est formé.

La température de 100° C., constitue évidemment cette barrière. C'est la température propre à la profondeur de 3 kilomètres à 3 km. 500 au-dessous de la surface terrestre, en certains endroits à une profondeur moins considérable, d'environ 2 km. 500. On peut considérer qu'en moyenne les êtres vivants ne peuvent exister sous leurs formes actuelles à une profondeur de plus de 3 kilomètres au-dessous de la terre.

Le niveau de cette région planétaire profonde où la température est voisine de 100°, s'abaisse sous l'Océan, dont l'épaisseur moyenne est de 3 km. 800 et la température de fond très basse, car elle atteint parfois quelques degrés au-dessus de zéro. Evidemment la température limite de la vie ne sera observée dans ces parties de l'écorce terrestre qu'à la profondeur moyenne d'au moins 6 km. 5 à 7 kilomètres, si toutefois le degré thermique y demeure identique à celui de la terre ferme. En fait, l'élévation de la température semble se produire avec plus de rapidité, et il est peu probable que la couche accessible à la vie dépasse la profondeur de 6 kilomètres au-dessous du niveau de l'hydrosphère.

La limite de 100° C., est certainement convention-
nelle. On connaît des organismes à la surface terrestre
qui se multiplient à des températures dépassant
70-80°, mais on n'y en a pourtant pas rencontré
qui se soient adaptés à une existence permanente à
100° C.

Il est ainsi peu probable que la limite inférieure
de la biosphère dépasse la moyenne de 2 km. 500 à
2 km. 700 sur la terre ferme et celle de 5 kilomètres
à 5 km. 500 au maximum dans le domaine des océans.

Cette limite est probablement déterminée par la
température et non par la composition chimique du
milieu de ces régions profondes, dénuées d'oxygène,
car l'absence d'oxygène libre ne peut être un obstacle
à la vie. L'oxygène libre n'existe plus à des profondeurs
peu considérables sous les continents ; il peut rarement être observé à quelques centaines de mètres
au-dessous de la surface terrestre. Il est ceratin pourtant
que la vie anaérobie pénètre dans les profondeurs
beaucoup plus considérables. Les recherches indépendantes de J. Bastin aux États-Unis et de N. Uchinsky
en Russie (1926-1927) ont confirmé l'ancienne observation de F. Stapff (1891) : l'existence d'une flore
anaéobe au-dessous d'un kilomètre et plus de la
surface terrestre.

122. — La haute température est une limite insurmontable, mais théorique, de la biosphère. D'autres
facteurs ont dans leur ensemble une influence bien plus
puissante sur la propagation de la vie et ne lui permettent pas d'atteindre les régions qui lui seraient
accessibles, au point de vue thermique.

On peut même, comme nous l'avons indiqué
pour les organismes macroscopiques, constater l'existence d'un processus géologique curieux. Ces organismes, au cours des temps géologiques, pénètrent peu

à peu dans ces profondeurs. Par suite, ces régions de la planète privées de lumière, sont peuplées d'organismes spécifiques, plus jeunes au point de vue géologique, et ce processus n'a pas encore touché son terme.

Il se produit là un phénomène analogue à celui de la limite supérieure de la biosphère. Au cours des temps géologiques, la vie descend lentement, mais inéluctablement, à une plus grande profondeur, se rapprochant de sa limite inférieure. Elle en est pourtant plus éloignée que de sa limite supérieure.

Les organismes verts qui ont besoin de Soleil pour se développer ne peuvent évidemment quitter les bornes de la surface planétaire, éclairée par le Soleil.

Les organismes hétérotrophes et les bactéries autotrophes peuvent seuls descendre plus bas. La vie ne pénètre pas de même façon dans les profondeurs de la terre ferme et dans celles des océans.

La vie animale — très dispersée — pénètre plus profondément dans les océans ; cette pénétration dépend du relief du fond. Cependant on a pu constater sa présence à plus de 6 kilomètres de profondeur : un oursin — Hyphalaster parfait — y a été trouvé à la profondeur de 6.035 mètres.

Les formes aquatiques abyssales peuvent pénétrer dans les plus grandes fosses océaniques, mais on n'a jusqu'ici pas trouvé d'organismes vivants à une profondeur dépassant 6 km. 500 (1).

Toute l'épaisseur de l'eau est pénétrée de bactéries en dispersion, trouvées à une profondeur de plus de 5 km. 500 et qui se concentrent dans la vase marine. Leur présence dans la boue marine des fosses les plus profondes n'est pas absolument prouvée.

(1) Les profondeurs océaniques atteignent presque 10 kilomètres On a dernièrement découvert une profondeur de 9 km. 950, près des Iles de Kouriles. Antérieurement la plus grande profondeur connue était de 9 km. 790 près des Iles Philippines.

123. — La vie de la Terre ferme pénètre à une profondeur beaucoup moins considérable, d'abord parce que l'oxygène libre ne pénètre nulle part aussi profondément dans l'écorce terrestre. Dans l'Océan, l'oxygène libre en solution gazeuse (où sa teneur en centièmes par rapport à l'azote est relativement toujours plus considérable que dans l'atmosphère), est en relation étroite avec l'atmosphère extérieure. L'oxygène de l'atmosphère pénètre dans les plus grandes fosses de l'Océan, jusqu'à la profondeur de 10 kilomètres ; et chaque perte y est incessamment compensée par un nouvel apport d'oxygène de l'atmosphère, avec un certain retard, par des procédés de dissolution et de diffusion. La limite de sa pénétration, la surface de l'oxygène libre, se trouve dans la couche supérieure très mince de la boue marine (§ 141).

L'oxygène libre disparaît rapidement avec la profondeur sur la Terre ferme ; il est absorbé par des organismes ou des composés avides d'oxygène, principalement organiques. L'investigation des eaux jaillissant des profondeurs et qui dépassent un ou deux kilomètres ne révèle habituellement pas d'oxygène libre dans leurs gaz. Une interruption brusque est observée entre l'eau vadose contenant l'oxygène libre de l'air et l'eau phréatique, qui en est privée, interruption qui n'a pas jusqu'à présent été élucidée de façon sûre (1). L'oxygène libre pénètre habituellement tout le sol et une partie du sous-sol. La surface de l'oxygène libre s'élève plus près de la surface terrestre dans les sols marécageux et dans les marais. Selon M. Hasselmann les sols marécageux de nos latitudes ne contiennent plus l'oxygène libre au-dessous de 30 centimètres. On constate la présence de l'oxygène libre dans les

---

( ) Dans l'immense majorité des cas, les indications relatives à l'oxygène libre proviennent d'erreurs d'observation.

sous-sols à une profondeur de quelques mètres, parfois à plus de 10 mètres, s'il ne rencontre aucun obstacle à son passage sous forme de roches massives, solides, toujours dénuées d'oxygène libre, et dont les traces peuvent cependant pénétrer dans les parties supérieures de ces roches toujours en contact avec l'eau du milieu ambiant.

Les cavités et les fissures libres, accessibles à la pénétration de l'air, atteignent en des cas exceptionnels une profondeur de quelques centaines de mètres. Ce sont les puits de sonde et les mines, œuvres de l'humanité civilisée, qui atteignent la plus grande profondeur, dépassant 2 kilomètres, mais leur importance est insignifiante, considérée à l'échelle de la biosphère.

D'ailleurs, ramenées au niveau de l'Océan, toutes ces profondeurs le dépassent rarement de beaucoup. Les parties basses et profondes des continents lui sont souvent supérieures. La dépression continentale la plus profonde dépasse d'un peu un kilomètre : le fond, riche en vie, du Baïkal, véritable mer d'eau douce dans la Sibérie atteint 1.050 mètres au-dessous du niveau de l'Océan.

Il est certain que la vie sur la Terre ferme — tenant même compte de la vie anaérobie — ne dépasse nulle part les profondeurs de la planète qui lui sont accessibles dans l'hydrosphère. Il semble que la vie dans les profondeurs sous-continentales n'atteint jamais la profondeur moyenne de l'hydrosphère (3 km. 800). Il est vrai, que les recherches récentes sur la génèse des pétroles et de l'hydrogène sulfhydrique abaissent sensiblement la limite inférieure de la vie anaérobie. La genèse de ces minéraux phréatiques paraît être biogène et avoir lieu à des températures beaucoup plus élevées que celles de la surface terrestre. Mais même si les organismes bactériaux qui y prennent part étaient des organismes très thermophiles (ce qui n'est pas prouvé) — ils ne vivraient qu'à des températures voisines de 70°. C'est-à-dire très loin de l'isogéoterme de 100°.

124. — On voit ainsi que la prédominance de la vie dans l'hydrosphère est provoquée non seulement par son volume plus considérable, mais aussi parce que la vie y est constatée sur toute son étendue dans la couche puissante d'une épaisseur de 10 kilomètres au maximum et de 3 km. 800 en moyenne, tandis que sur la Terre ferme (21 pour 100 de la surface terrestre), la région des manifestations limites de la vie n'atteint pas même 2 km 500 au maximum et forme en moyenne une couche de quelques centaines de mètres d'épaisseur. Or dans cette mince couche de la terre ferme, habitée par des organismes vivants, la vie ne descend au-dessous du niveau de la mer que dans des cas exclusifs.

A l'échelle planétaire, la vie se termine sur la terre ferme au niveau de l'Océan, tandis que dans l'hydrosphère, elle pénètre une couche dépassant ce niveau de 3 km. 800.

125. — La vie dans l'hydrosphère. — Les phénomènes vitaux de l'hydrosphère portent dans la réalité, en dépit de leur chaos apparent, des traits immuables à travers toute l'histoire géologique et depuis l'archéozoïque. Il importe de les envisager comme des traits constants et stables du mécanisme de l'écorce terrestre entière et non de la biosphère seule. A travers toutes les périodes géologiques, ces phénomènes se maintiennent en des *régions déterminées de l'hydrosphère*, en dépit de la variabilité perpétuelle de la vie et de l'Océan.

Ce mécanisme de la biosphère semble demeurer immuable à travers tous les temps géologiques.

La densité de la vie, la mise en évidence de régions

richement animées de vie, doivent servir de base à l'étude de ce mécanisme. Nous appellerons dans la structure de l'Océan ces régions : *pellicules et concentrations vitales*. On peut les considérer comme des subdivisions secondaires de la partie de l'écorce terrestre représentée par l'hydrosphère, étant donné que ce sont réellement des régions concentriques continues ou qui peuvent devenir telles à certaines périodes de son histoire géologique. Les pellicules et concentrations vitales forment évidemment dans l'Océan *des régions de transformation maxima de l'énergie solaire.* Il convient d'abord d'en tenir compte dans l'étude de tous les phénomènes vitaux de l'Océan, si l'on veut embrasser ceux-ci au point de vue de leur manifestation dans l'histoire de la planète. C'est à cette condition seulement qu'on peut élucider l'effet géochimique de la vie dans l'hydrosphère.

Il importe d'établir, outre la densité de la vie, les propriétés des pellicules et concentrations vitales :

1° Au point de vue du caractère de leur matière verte vivante et de sa répartition. On dégage ainsi les régions de l'hydrosphère dans lesquelles s'effectue la création de la portion essentielle de l'oxygène libre de la planète ;

2° Au point de vue de la distribution dans le temps et dans l'espace de la création de la nouvelle matière vivante de l'hydrosphère, c'est-à-dire au point de vue de la marche des phénomènes de multiplication dans les pellicules et concentrations vitales. Ce phénomène peut évidemment donner une idée quantitative des lois du changement régulier auquel l'énergie géochimique est soumise, et de l'intensité de celle-ci ;

3° Au point de vue des processus géochimiques s'effectuant dans les pellicules et concentrations vitales en relation avec l'histoire d'éléments chimiques déterminés dans l'écorce terrestre. C'est par cette voie que se manifeste la répercussion de la matière vivante de l'Océan sur la géochimie de la planète. On verra que les fonctions des diverses pellicules et concentrations vitales sont dans les temps géologiques, immuables, déterminées et différentes.

126. — Comme on l'a vu plus haut (§ 55), toute la surface de l'Océan est recouverte d'une couche continue de vie verte. C'est le champ d'élaboration de l'oxygène libre, dont toute la masse d'eau est pénétrée, jusqu'aux plus profondes fosses, jusqu'au fond même, par suite de processus de diffusion et de convection.

Les organismes autotrophes verts de l'Océan, pris en totalité, sont principalement concentrés dans sa partie supérieure et pas au-dessous de 100 mètres. Au delà de 400 mètres se trouvent généralement les animaux hétérotrophes seuls et les bactéries.

D'une part, toute la surface de l'Océan est le domaine du phytoplancton chlorophyllien ; d'autre part, ce sont les grandes plantes, algues et herbes marines, qui par places occupent le premier rang. Elles forment deux types de gisements très divers, bien qu'on ne les distingue souvent pas. Les algues et les herbes se développent avec puissance dans les régions littorales, peu profondes de l'Océan (*concentrations littorales*). Mais, par endroits, les herbes forment des masses flottantes en plein Océan, dont la mer des Sargasses est un exemple frappant, sa surface dépassant 100.000 kilomètres carrés (*concentrations sargassiques*).

Les organismes unicellulaires microscopiques, concentrés principalement à la surface de l'Océan dans le plancton constituent la masse essentielle de la vie verte.

C'est la conséquence de l'intensité plus considérable de leur multiplication. La multiplication du plancton répond à la grandeur v, égale à 250 à 275 centimètres seconde. Cette grandeur peut atteindre des milliers de centimètres par seconde, tandis qu'elle n'atteint habituellement que 1,5 à 2,5 centimètres-seconde pour les algues littorales (quelques dizaines de cm.-sec. au maximum). Si l'envahissement de la surface de l'Océan (correspondant à l'énergie rayonnante reçue par sa surface) dépendait seulement de la vitesse v, le plancton devrait occuper une surface de la mer environ 100 fois plus grande que celle des grandes algues. La distribution de ces divers appareils de formation d'oxygène libre répond effectivement à l'ordre de cette grandeur. Les algues littorales ne peuvent être rencontrées que dans les régions peu profondes de l'Océan (1). L'aire des mers (2) selon J. Schokalsky (1917) ne dépasse pas 8 pour 100 de la surface de l'Océan ; mais une très petite partie seulement des mers est recouverte d'une couche de grosses algues et d'herbes. Huit centièmes sont évidemment la limite maxima de l'occupation de la surface par les plantes littorales, limite de fait inaccessible pour elles. Les concentrations flottantes des algues de sargasses jouent un rôle encore plus insignifiant. Leur plus grand amas, la mer des Sargasses, correspond à 0,02 pour 100 de la surface de l'Océan.

127. — La vie verte, rarement visible à l'œil nu dans l'Océan, est loin de comprendre toute la manifestation vitale de l'hydrosphère. Le puissant développement de la vie hétérotrophe, très caractéristique pour l'hydrosphère, n'est que rarement observé sur la Terre ferme. L'impression générale produite par la vie de l'Océan et qui n'est probablement pas inexacte, est

(1) Dans le cas où de grandes profondeurs se rapprochent des rivages, la couche des algues occupe une aire insignifiante.
(2) C'est-à-dire dans les profondeurs au-dessous de 1.000 à 1.200 mètres, les bas-fonds y compris.

que ce sont les animaux et non les plantes qui y occupent la situation dominante et marquent de leur sceau toutes les manifestations de la nature vivante qui y est concentrée.

Mais cette vie animale ne pourrait se développer sans l'existence simultanée de la vie végétale verte. Sa distribution est en relation avec la sienne et n'est que la conséquence de sa présence.

C'est précisément ce rapport étroit entre les conditions de l'alimentation et de la respiration de ces deux formes de matières vivantes qui provoque la formation d'accumulations d'organismes, de pellicules et de concentrations vitales dans l'Océan.

128. — La matière vivante ne forme dans la masse générale de l'Océan qu'une petite fraction. On peut dire qu'habituellement l'eau marine est inanimée. Les bactéries mêmes, soit autotrophes (§ 94) soit hétérotrophes, qui y sont partout dispersées, ne font que des centièmes insignifiants de son poids, correspondent sous ce rapport aux rares ions chimiques des solutions marines. On ne trouve de grandes quantités d'organismes vivants que dans les pellicules et les concentrations vitales. Généralement ces pellicules et ces concentrations ne contiennent pas plus d'un centième en poids, parfois quelques centièmes de matières vivantes ; c'est par endroits et temporairement seulement que les organismes vivants y constituent plusieurs centièmes de la masse de l'eau marine.

Toutes ces concentrations et pellicules vitales sont des régions d'une activité chimique puissante. La vie s'y trouve en mouvement incessant. Cependant, ces formations demeurent immobiles ou presque, malgré les changements innombrables et incessants dans la structure de l'hydrosphère, elles y forment des équilibres stables. Elles sont aussi constantes et aussi caractéristiques pour l'Océan que les courants marins.

En s'appuyant sur les traits les plus essentiels et les plus généraux de la distribution de la vie dans l'Océan, on y dégage *quatre agglomérations vitales statiques, deux pellicules* : le plancton et la pellicule du fond ; *deux concentrations* : les concentrations littorales (marines) et les concentrations sargassiques.

129. — La forme essentielle et la plus caractéristique de ces agglomérations vitales, est *la mince pellicule vitale supérieure, riche en vie verte : le plancton.* On peut, en général, estimer qu'elle recouvre toute la surface de l'Océan.

Parfois, le monde végétal vert prédomine dans le plancton, mais le rôle des organismes animaux hétérotrophes, dont l'existence est déterminée par le plancton vert, n'est peut être pas moins important par sa manifestation globale dans la chimie planctonique. Le phytoplancton est toujours unicellulaire, mais les métazoaires jouent un rôle important dans le zooplancton. Les métazoaires y prédominent parfois en quantités qu'on n'a jamais rencontrées sur la terre ferme. Ainsi, on observe de temps en temps dans le plancton océanique : des œufs et de la laitance de *poissons,* des crustacés, des vers, des astéries, etc., en quantité prodigieuse, surpassant celle des autres êtres vivants. Selon M. Hjort, le nombre des individus par centimètre cube varie en moyenne, pour le phytoplancton microscopique vert, entre 3 et 15 ; ce nombre s'élève pour tout le microplancton jusqu'à 100 individus microscopiques au maximum (M. Allen, 1919). Le nombre des cellules du phytoplancton n'atteint habituellement pas celui des individus animaux hétérotrophes. Ni les bactéries, ni le nonnoplancton n'y sont compris. Il faut ainsi, en fin de compte, admettre que la pellicule planctonique comporte des centaines, sinon des milliers d'individus microscopiques, centres indépendants de transmission de l'énergie géochimique (§ 48) par centimètre cube. Exprimée en poids, la matière vivante ainsi dispersée ne peut donner en moyenne moins de 10^{-3}-10^{-4} pour 100 de la masse totale de l'eau océanique, elle en fournit probablement davantage.

L'épaisseur de cette couche habituellement disposée à la profondeur de 20 à 50 mètres, ne dépasse pas quelques dizaines de mètres. De temps en temps le plancton s'élève jusqu'à la surface de l'eau ou descend plus bas. Le nombre des individus diminue rapidement à partir de cette mince pellicule, au-dessus d'elle et surtout au-dessous. A la profondeur de plus de 400 mètres, les individus du plancton sont habituellement très dispersés.

Ainsi les organismes vivants forment dans la masse générale de l'eau océanique, dont l'épaisseur moyenne est de 3 km. 800, et la profondeur maxima de 10 kilomètres, une pellicule extrêmement mince, formant en moyenne la $n \times 10^{-2}$ partie de toute l'épaisseur de l'hydrosphère. *Au point de vue du chimisme de l'Océan, cette partie peut être considérée comme active, et le reste de la masse d'eau comme biochimiquement peu active.*

Il est évident que la pellicule planctonique constitue malgré sa minceur une partie importante du mécanisme de la biosphère, ainsi que l'écran ozonique avec sa teneur insignifiante d'ozone.

L'aire de cette couche est égale à des centaines de millions de kilomètres carrés et le poids doit être exprimé en nombre de l'ordre de 10^{15}-10^{16} tonnes.

130. — Une autre concentration vivante, *la pellicule vitale du fond*, est observée dans la vase marine et dans la mince couche d'eau du fond, qui la pénètre et lui est contiguë.

Cette mince pellicule, par ses dimensions et son volume, ressemble à la pellicule planctonique, mais la dépasse sensiblement par son poids.

Elle se distribue en deux parties : l'une, la pellicule *supérieure*, la *pélogène* (1), se trouve dans la région de *l'oxygène libre* ; une riche vie animale se développe à sa surface ou les Métazoaires jouent un rôle important ; on y observe des rapports très compliqués entre les organismes de ce biocénose benthonique, qu'on ne fait que commencer à étudier au point de vue quantitatif.

Cette faune atteint par endroit un développement énorme. Comme nous l'avons déjà indiqué, il se forme ainsi, pour les Métazoaires du benthos des concentrations de matière vivante, d'un ordre identique par hectare, à celui des agglomérations des métaphytes végétales de la Terre ferme lors de leur meilleur rendement (§ 58).

Ces boues riches en vie et le benthos qui s'y rattache forment indubitablement de grandes concentrations vitales des matières vivantes jusqu'à la profondeur de 5 kilomètres et peut-être davantage.

Le nombre d'individus des animaux marins du benthos diminue sensiblement à partir de 4 à 6 kilomètres, et, dans les plus grandes fosses à partir de 7 kilomètres, les animaux macroscopiques semblent disparaître.

Au-dessous du benthos du fond se trouve la couche de *boue du fond*, formant la partie inférieure de la pellicule du fond. Les protistes y prédominent en quantité immense, le rôle dominant est joué par les bactéries avec leur énorme énergie géochimique. Sa mince partie supérieure seule, d'une épaisseur de quelques centimètres, le pélogène, contient de l'oxygène libre ;

---

(1) Nous employons ce terme, adopté par les limnologues russes, qui a été proposé par M. M. Solovjev.

au-dessous se trouve une épaisse couche de boue saturée de bactéries anaérobies, creusée peut-être par d'innombrables animaux fouilleurs.

Toutes les réactions chimiques s'y effectuent en un milieu nettement désoxydant. Le rôle de cette couche relativement mince dans la chimie de la biosphère est énorme (§ 141). L'épaisseur de la pellicule du fond, y compris la couche de boue, dépasse parfois 100 mètres ; il se peut cependant qu'elle soit plus épaisse, par exemple dans les régions abyssiques de l'Océan, où se développent des organismes tels que les crinoïdes, dont l'importance dans les processus chimiques de la Terre semble être très grande. Malheureusement, on ne peut à l'heure actuelle, déterminer l'épaisseur de la concentration donnée de la vie que de manière conditionnelle comme atteignant en moyenne 10 à 60 mètres.

131. — Le plancton et la pellicule vitale du fond pénètrent toute la biosphère. Si la superficie du plancton est en somme voisine de celle de l'Océan par son étendue, fixés à 3,6 × 10,8 kilomètres carrés, celle de la pellicule du fond doit la dépasser considérablement, car elle se conforme à toute la complexité et à toutes les irrégularités du relief du fond océanique.

A ces deux pellicules enveloppant l'hydrosphère, se joignent deux autres concentrations vitales, étroitement liées dans leur existence à la surface planétaire riche en oxygène libre : ce sont les concentrations vitales saturées de vie verte, intimement unies au plancton, *concentrations littorales et sargassiques.*

Les concentrations vitales littorales embrassent parfois toute l'épaisseur de l'eau jusqu'à la pellicule du fond, car elles sont adaptées aux régions moins profondes de l'hydrosphère.

En aucun cas leur aire ne dépasse beaucoup 1/10

de celle de l'Océan. Leur épaisseur atteint en moyenne des centaines de mètres, par endroits jusqu'à 500 mètres parfois peut-être jusqu'à un kilomètre. Il arrive qu'elles s'accumulent en un amas commun avec les pellicule planctonique et celle du fond.

Les concentrations vitales littorales sont toujours liées aux régions moins profondes de l'Océan, aux mers et aux parties océaniques littorales. Elles sont en relation avec la pénétration des rayonnements lumineux et thermiques du Soleil dans les couches d'eau, avec la dénudation des continents et avec le déversement par les fleuves de solutions aqueuses riches en restes organiques et en poussière terrestre, en suspension. La quantité générale de cette vie doit nécessairement être inférieure à celle qui est liée aux pellicules planctoniques ou du fond, car les profondeurs au-dessous d'un kilomètre, ne font pas plus du dixième de l'aire océanique. Ce sont, en partie, des forêts d'algues et d'herbes marines; en partie des agglomérations de mollusques, des constructions de coraux, d'algues calcaires, de bryozoaires.

132. — *Les concentrations vitales sargassiques* occupent en apparence une place spéciale qui jadis attirait peu l'attention et qui a été expliquée de diverses façons. Elles se distinguent des pellicules planctoniques par le caractère de leur faune et de leur flore, et des concentrations vitales littorales, par leur indépendance de la destruction des continents, et de l'apport de produits biogènes par les fleuves. Contrairement aux concentrations vitales littorales, les concentrations sargassiques sont des accumulations océaniques, observées à la surface des régions profondes de l'Océan, sans aucun rapport avec le benthos, et avec la pellicule du fond.

On les a longtemps considérées comme des formations secondaires, des débris flottants de concentrations vitales littorales apportés par les vents et les courants océaniques. Leurs gisements fixés en des places déterminées dans l'Océan étaient expliqués comme provenant de la distribution des vents et des courants, comme des régions d'accalmie.

De telles opinions sont encore courantes dans la littérature scientifique, mais elles sont démenties par les faits, du moins pour la « mer des Sargasses » de l'Océan Atlantique, la mieux étudiée et la plus grande de toutes.

On y trouve une faune et une flore spéciales, dont quelques représentants proviennent manifestement du benthos des régions littorales.

Il est fort probable que L. Germain ne s'est pas trompé, en rattachant leur origine à la lente adaptation de cette faune et de cette flore aux nouvelles conditions, à l'évolution de la matière littorale vivante liée au lent affaissement à travers la marche des temps géologiques du continent ou du groupe d'îles, aujourd'hui disparues, qui se trouvaient jadis à la place de la mer des Sargasses.

L'avenir montrera s'il est possible ou non d'appliquer cette explication à toutes les autres concentrations vitales de même espèce. Toutefois, le fait demeure inébranlable, l'existence d'un type de concentrations vitales, riche en gros organismes végétaux, pénétré de formes animales particulières, concentrations, se distinguant nettement des pellicules planctonique et de celle du fond. Leur évaluation n'a pas été faite avec précision, mais leur étendue dans l'Océan paraît peu considérable ; elle est bien inférieure à celle des concentrations littorales.

133. — Il résulte des faits en question que 2/100 à peine de la masse totale de l'Océan sont occupés par

les concentrations vitales. Le reste de cette masse contient la vie à l'état de dispersion.

L'action de ces concentrations et pellicules vitales est considérable sur l'Océan, en particulier sur sa composition chimique, ses processus chimiques et son régime gazeux, mais les organismes se trouvant en dehors des pellicules et des concentrations dans l'épaisseur des couches intermédiaires de l'Océan n'apportent pas de changements essentiels, fût-ce au point de vue de l'évaluation quantitative du phénomène.

Aussi convient-il de laisser de côté dans notre évaluation quantitative ultérieure de la vie dans la biosphère, la masse principale de l'eau océanique et de ne tenir compte que de quatre régions de ses agglomérations : celles des pellicules vitales planctonique et du fond et des concentrations vitales sargassique et littorale.

134. — Dans toutes ces biocénoses, *la multiplication* se produit avec des intervalles dans le temps, comme avec un rythme déterminé. Le rythme de la multiplication correspond à celui du travail géochimique de la matière vivante. Le rythme de la multiplication des pellicules et des concentrations vitales détermine l'intensité de la marche du travail biogéochimique de toute la planète.

Comme on l'a vu, la forme la plus caractéristique pour les deux pellicules vitales océaniques est la prépondérance dans leur masse de protistes, d'organismes les plus petits, doués de la vitesse maxima de multiplication ; il est douteux que la vitesse de transmission de la vie, la grandeur v, dans des conditions favorables et normales de leur existence, soit inférieure à 1.000 centimètres seconde (§ 40). Dès lors ce sont les corps doués de la plus grande intensité d'échange gazeux, toujours proportionnel à leur surface, les corps manifestant par hectare l'énergie géochimique cinétique maxima (§ 41), c'est-à-dire capables de donner dans l'unité de temps la plus grande masse de matière vivante par hectare, qui atteignent le plus rapidement la limite de fécondité.

Ces protistes semblent doués d'une grande rapidité de multiplication et ne sont pas les mêmes dans la pellicule vitale planctonique et dans celle du fond. Dans la pellicule vitale du fond prédominent les bactéries qui pénètrent les masses énormes des débris des plus gros organismes non décomposés qui s'y rassemblent. Dans la pellicule planctonique vitale, elles tiennent au point de vue de la masse de matière englobée le second rang, tandis que le premier rang est occupé par les protistes verts et les protozoaires.

135. — Les protozoaires ne constituent pas la partie intégrante principale de la vie animale du plancton ; ce sont les métazoaires qui prédominent parmi les animaux : crustacés, larves, œufs, jeunes poissons etc.

Le rythme de la multiplication des métazoaires est en général toujours plus lent que celui de protozoaires. Pour les êtres supérieurs, la vitesse de transmission de la vie se calcule en fractions de centimètre par seconde. Pour les poissons océaniques et les crustacés planctoniques, la grandeur v ne semble pas tomber au-dessous de quelques dizaines du centimètre.

Une énorme quantité de métazoaires, constitue souvent sous forme de gros individus, le trait caractéristique de la structure de la pellicule vitale du fond dans le benthos. Leur multiplication s'effectue à certaines époques plus lentement encore que celle des petits organismes du plancton. On peut y observer des organismes doués d'une petite intensité de multiplication.

Les métazoaires et les métaphytes sont caractéristiques des concentrations vitales littorales et sargassiques, les protistes de différentes espèces y occupent en fin de compte le second rang, et ce ne sont pas eux qui déterminent l'intensité des processus géochimiques de ces biocénoses.

Dans ces régions, particulièrement dans les concentrations vitales littorales, les métazoaires commencent à prédominer en proportion de la profondeur et finissent par devenir les indices essentiels de la vie. L'importance qu'ils peuvent y prendre est évidente, par exemple dans les agglomérations des coraux, hydroïdes, crinoïdes ou bryozoaires.

136. — La marche de la multiplication, la régularité de son rythme sont loin d'être claires pour notre pensée scientifique. On sait seulement que la multiplication n'a pas lieu de manière ininterrompue et qu'il existe dans l'univers environnant une succession déterminée de ces phénomènes, dont l'ordre est lié d'un rapport étroit aux phénomènes astronomiques. Cette multiplication dépend de l'intensité de la lumière et de la chaleur du Soleil, de la quantité de la vie, du caractère du milieu.

L'intensité de la multiplication d'organismes, spécifiques de l'espèce, est liée à la migration des atomes, qui sont d'autant plus nécessaires à la vie de l'organisme qu'ils entrent en plus grand nombre dans sa composition. A l'heure actuelle la pellicule planctonique donne de ce phénomène le tableau le mieux élucidé.

137. — Le changement provoqué par la multiplication s'effectue toujours d'une façon rythmique. Ce changement correspond aux oscillations du milieu vital qui se répète d'année en année. Il est lié d'un lien étroit aux mouvements rythmiques de l'Océan.

Ces mouvements de l'Océan, marées, changements de température, salinité de l'évaporation, intensité de la lumière solaire, sont tous d'origine cosmique.

En relation avec ces phénomènes, une **vague créatrice** de la matière organique, sous forme de **nouveaux** individus, se répand sur tout l'Océan au cours des mois printaniers. L'amplitude de cette vague diminue en été. Elle se manifeste par le rendement an nuel de presque tous les êtres supérieurs et se répercute sur la composition du plancton. « Avec une immutabilité identique à celle de l'approche de l'équinoxe du printemps et de la hausse de la température, avec la même précision, la masse des animaux et des plantes planctoniques peuplant un volume déterminé d'eau de mer atteint son maximum annuel et décroît ensuite de nouveau. » (J. Johnstone, 1911.)

Le tableau tracé par J. Johnstone concerne nos latitudes, mais peut aussi bien s'étendre à l'Océan entier, *mutatis mutandis*. Le plancton est une biocénose ; tous les organismes dont il est composé sont étroitement liés dans leur existence les uns aux autres. Il y a une prédominance des crustacés copépodes, se nourrissant de diatomées, et des diatomées dans l'Océan atlantique septentrional.

Un rythme régulier répété d'année en année s'observe dans les mers bien étudiées du nord-est de l'Europe. En février-juin (pour la majorité des poissons en mars-avril) le plancton est surchargé d'œufs de poissons. Au printemps, depuis mars pullulent des diatomées siliceuses, Biddulphia, Coscinodiscus, plus tard quelques espèces de Dinophlagellata. Le nombre des diatomées et des pyridinées décroît rapidement vers l'été et elles sont remplacées par les Copépodes et d'autres représentants du zooplancton. En automne, en septembre ou octobre, on observe un second épanouissement du phytoplancton, d'une moindre intensité, des diatomées et des pyridinées. Décembre et surtout janvier et février sont caractérisés par l'appauvrissement de la vie, le ralentissement de la multiplication.

Le changement du rythme de la multiplication est caractéristique, constant et distinct pour chaque organisme ; il se répète d'année en année avec la précision immuable propre à tous les phénomènes provenant de causes cosmiques.

138. — Cycles géochimiques des concentrations et des pellicules vitales de l'hydrosphère. — La marche géochimique de la multiplication se manifeste par le rythme des processus chimiques terrestres. Chaque pellicule et chaque concentration vitale est la région de la création de composés chimiques déterminés.

Il faut remarquer pour toute la matière vivante que les éléments chimiques une fois pénétrés dans ses cycles n'en ressortent pas et y demeurent perpétuellement. Toujours est-il qu'une petite partie de ces éléments se dégage dès lors sous forme de minéraux vadoses, et c'est précisément cette partie qui se manifeste sous forme de création de la chimie de l'Océan. L'intensité de la multiplication des organismes se répercute sur l'intensité de la formation des corps vadoses.

La pellicule vitale planctonique est le domaine principal du dégagement de l'*oxygène libre*, produit de la vie des organismes verts ; c'est dans cette pellicule que se concentrent les composés de l'azote, composés jouant un rôle énorme dans la chimie terrestre de cet élément ; cette pellicule constitue le centre de la création des composés *organiques* de l'eau océanique. Plusieurs fois par an, le *calcium* s'y amasse sous forme de carbonates, et le *silicium* sous forme d'opales ; ils finissent par s'accumuler dans la pellicule du fond. Les résultats de ce travail, géologiquement accumulés, peuvent être observés **dans les** dépôts puissants des *roches sédimentaires*, **dans la** partie de la matière des *roches crayeuses* (algues du nonnoplancton, foraminifères) et des *dépôts siliceux* (diatomées éponges et radiolaires).

139. — Les concentrations vitales sargassique et en partie littorale sont analogues à cette pellicule vitale planctonique par leurs produits chimiques. Ils jouent aussi un grand rôle dans la formation de l'*oxygène libre*, des composés oxygénés de l'*azote*, des composés oxygénés et azoteux du *carbone*, des composés du *calcium*.

On observe, paraît-il, dans ces endroits des concentrations de *magnésium* entrant dans la composition des parties solides des organismes en une proportion moindre que le calcium, mais cependant en quantité marquante et notable ; le magnésium passe en partie directement par cette voie dans la composition des minéraux vadoses.

Les concentrations vitales jouent dans l'histoire du *silicium*, un rôle bien moins important que la pellicule planctonique, bien que sa migration cyclique dans la matière vivante soit très intense.

140. — L'histoire de tous les éléments chimiques dans les concentrations et pellicules vitales est caractérisée par deux différents processus : premièrement par la migration des éléments chimiques (migration déterminée et distincte pour chacun de ces éléments) à travers la matière vivante, ensuite par leur dégagement sous forme de composés vadoses, leur échappement de la matière vivante.

En somme un tel dégagement au cours d'un cycle

vital de courte durée, par exemple d'un an, est imperceptible, car la quantité des éléments qui dans cet intervalle de temps quittent le cycle vital est insignifiante. Ce dégagement ne peut devenir perceptible qu'après de longs espaces de temps non pas historiques mais géologiques. Ainsi se créent dans l'écorce terrestre des masses de matière brute solide qui dépassent plusieurs fois le poids de la matière vivante existant au moment donné sur la planète.

A ce point de vue, la pellicule vitale planctonique se distingue beaucoup des concentrations littorales vitales (1). Leur cycle vital dégage de bien plus grandes quantités d'éléments chimiques que le sien, et ces concentrations laissent dès lors de plus grandes traces dans la structure de l'écorce terrestre.

C'est dans les couches inférieures des concentrations littorales que ces phénomènes sont surtout observés près de la pellicule du fond et dans les parties contiguës à la terre ferme. Ce dernier cas est caractérisé par le dégagement des composés organiques solides du *carbone* et de l'*azote* et par l'évaporation de l'*hydrogène sulfureux gazeux*, lié à l'échappement du *soufre* de la région étudiée de l'écorce terrestre. C'est par cette voie biochimique que les sulfates s'échappent des lacs et des lagunes salées se formant sur les bords des bassins marins.

141. — Il n'existe pas de limite marquée pour les concentrations littorales entre les réactions chimiques du fond et de la surface de la mer, limite si nette en plein Océan où ces deux pellicules vitales, chimiquement actives, sont séparées l'une de l'autre par une

---

(1) Les phénomènes ayant lieu dans les concentrations sargassiques ne sont pas exactement connus.

masse énorme d'eau chimiquement inerte d'une épaisseur de quelques kilomètres.

Habituellement, dans les concentrations littorales, les limites entre les pellicules de l'hydrosphère se rapprochent l'une de l'autre, tandis qu'elles disparaissent dans les mers peu profondes et près des rivages. Dans ce dernier cas, l'action de toutes ces agglomérations vitales se confond. Il se forme des régions, d'un travail biochimique particulièrement intense.

La pellicule du fond demeure toujours le domaine propre de la manifestation d'un tel travail chimique. Les concentrations d'organismes doués d'énergie géochimique maxima, les bactéries, y tiennent le premier rang. Les conditions chimiques du milieu habituel subissent en même temps un brusque changement, car, par suite de la présence de grandes quantités de composés, en majeure partie de produits vitaux, qui absorbent avec avidité l'oxygène libre fourni par la surface océanique, *un milieu réducteur* s'établit dans la pellicule du fond, dans la vase marine. C'est le règne des bactéries anaérobies. Seule une fine couche de cette pellicule, épaisse de plusieurs millimètres, *le pélogène,* constitue le domaine de processus biochimiques oxygénés intenses, où se forment les *nitrates* et les *sulfates*. Cette couche sépare la population supérieure des concentrations vitales du fond (analogues par leurs manifestations chimiques aux concentrations littorales) de celle du milieu réducteur, de la boue du fond, milieu presque inconnu dans d'autres endroits de la biosphère.

En réalité, l'équilibre établi entre le milieu oxydant et le milieu réducteur est constamment troublé par suite du travail incessant des animaux fouisseurs ; les réactions biochimiques et chimiques ont lieu dans les deux sens, renforçant la formation de corps instables riches en énergie chimique libre. Il est néanmoins impossible d'évaluer actuellement la portée géochimique de ce phénomène. D'autre part, la particularité caractéristique des pellicules vitales du fond est que les débris pourris d'organismes morts, tombant des pellicules planctoniques, sargassiques et littorales, se déposent sans cesse. Ces débris d'organismes sont pénétrés de bactéries, principalement anaérobes ; ils renforcent encore le caractère chimique réducteur du milieu des pellicules vitales dn fond.

142. — Les concentrations vitales du fond jouent, en rapport avec le caractère de leur matière vivante, un rôle tout à fait particulier dans la biosphère, rôle très important dans la création de sa matière brute. Car les produits essentiels de leurs processus biochimiques sont, dans les conditions anaérobes, en l'absence d'oxygène libre, non des gaz mais des corps solides ou des corps colloïdaux qui, au cours du temps, se transforment en grande partie en corps solides. Ces régions réunissent toutes les conditions favorables à leur conservation, car les organismes après leur mort, ainsi que leurs restes, échappent vite aux conditions biochimiques habituelles de décomposition et de putréfaction, conditions des processus s'effectuant dans un milieu contenant de l'oxygène libre et transformant une grande partie de leur matière en produits gazeux; ils ne se consument pas. Non seulement la vie aérobe, mais aussi anaérobe s'éteint dans la boue marine à une petite profondeur. A mesure que les restes vitaux et les particules de matière brute en suspension tombent d'en haut, les couches inférieures de la boue marine deviennent inanimées et les corps chimiques formés par la vie n'ont pas le temps de se transformer en produits gazeux ou d'entrer dans de nouvelles matières vivantes. La couche vitale de boue ne dépasse

jamais quelques mètres, tandis qu'elle croît **incessam**-ment par en haut. En bas, la vie, s'éteint continuelle-ment.

« La disparition » des restes organiques, leur trans-formation en gaz, est toujours un processus biochi-mique. Dans les couches dénuées de vie, les débris organiques se modifient d'une autre façon, lentement, se transforment au cours des temps géologiques en minéraux vadoses solides et colloïdaux.

Les produits d'une semblable genèse nous entourent partout, modifiés par les processus chimiques, ils forment au cours des temps sous l'aspect de roches sédimentaires, les parties supérieures de la planète, atteignant une épaisseur moyenne de quelques kilo-mètres. Ces roches se transforment graduellement en roches métamorphiques, se modifient plus encore et, pénétrant dans les régions à hautes températures, dans l'enveloppe magmatique de la Terre, entrent dans la composition des roches massives, hypabys-sales, de corps phréatiques ou juvéniles, qui rentrent à nouveau avec le temps dans la biosphère sous l'action de l'énergie dont la haute température de ces couches est une manifestation (§ 77, 78).

Ces produits portent dans ces régions de la planète, l'énergie libre, transformée par la vie en énergie chi-mique, que l'organisme vert avait captée jadis dans la biosphère sous forme de rayonnements cosmiques, de rayons solaires.

143. — Aussi, les pellicules vitales du fond, ainsi que les concentrations vitales littorales qui y sont conti-guës, méritent une attention particulière lors de l'éva-luation du travail chimique de la matière vivante sur notre planète.

Elles forment des régions de l'écorce terrestre chi-miquement actives et puissantes, opérant lentement, mais somme toute, uniformément, à travers tous les temps géologiques.

La distribution très diverse, au cours de ces temps, des mers et des continents à la surface terrestre, donne une idée du déplacement planétaire des pellicules et des concentrations vitales dans le temps et dans l'espace.

L'importance géochimique des pellicules vitales du fond est très considérable pour leur partie oxydante supérieure (principalement le benthos), ainsi que pour les couches réductrices inférieures. Cette importance croît encore dans les parties où ces pellicules se confondent avec les concentrations vitales littorales, et où l'oxygène libre et les produits géochimiques liés avec lui et avec le travail de la vie verte viennent s'ajouter aux produits habituels, c'est-à-dire au-dessus de 400 mètres (§ 55).

Le milieu oxydant de la pellicule du fond se manifeste nettement dans l'histoire de beaucoup d'éléments chimiques autres que l'*oxygène*, de *l'azote* ou du *carbone*.

Tout d'abord, ce milieu change complètement l'histoire terrestre du *calcium*. Il est très caractéristique que le calcium soit le métal prédominant dans la matière vivante. Sa teneur surpasse probablement un centième en poids de la composition moyenne de la matière vivante, et dans beaucoup d'organismes, principalement marins la teneur en calcium dépasse 10 et même 20 pour 100. Par cette voie, par l'action de la matière vivante, le calcium se sépare dans la biosphère du sodium, du magnésium, du potassium et du fer, auxquels il peut être comparé par son abondance et avec lesquels on le rencontre en molécules communes dans toute la matière brute de l'écorce terrestre. Le calcium se dégage par les processus vitaux des organismes sous forme de carbonates et de phosphates complexes, plus rarement d'oxalates ; il se maintient aussi sous cette même forme un peu modifiée dans les minéraux vadoses d'origine biochimique.

L'Océan, principalement ses régions vitales, ses concentrations littorales et ses concentrations du fond, est le mécanisme formant les agglomérations composées de calcium de la planète, qui n'existent pas dans les parties juvéniles de son écorce, riches en silicium, et dans les régions phréatiques profondes.

Il se dégage annuellement au moins 6×10^{14} grammes de calcium sous forme de carbonates dans l'Océan. Il y a 10^{18} à 10^{19} grammes de calcium à l'état de migration incessante dans le cycle vital de la matière vivante, constituant une partie déjà notable du calcium total de l'écorce terrestre (à peu près 7×10^{24} grammes) et une partie très considérable du calcium de la biosphère. Le calcium est concentré non seulement par les organismes du benthos doués d'une vitesse de transmission de vie considérable, mollusques, crinoïdées, étoiles de mer, algues, coraux, hydroïdes et autres ; il est aussi retenu par les protistes de la boue marine et surtout du plancton, y compris le nonoplancton, et par les bactéries douées de l'énergie géochimique cinétique de la matière vivante maxima.

En dégageant les composés de calcium formant des montagnes entières, des massifs d'un volume de quelques millions de kilomètres cubes, l'énergie solaire règle l'activité vitale des organismes et détermine la chimie de l'écorce terrestre, dans une mesure égale à la décomposition de l'acide carbonique et de l'eau, et par la formation par cette voie de composés organiques et d'oxygène libre.

Le calcium se dégage principalement sous forme de carbonates, mais aussi sous forme de phosphates. Les fleuves l'emportent dans l'Océan de la Terre ferme, où sa partie principale a aussi passé sous une autre forme par la matière vivante terrestre (§ 156).

144. — Ces régions de concentrations vitales ont une influence analogue sur l'histoire d'autres éléments habituels de l'écorce terrestre, indubitablement sur celle du *silicium*, de *l'aluminium*, du *fer*, du *manganèse*, du *magnésium*, du *phosphore*.

Beaucoup de points restent obscurs dans ces phénomènes naturels complexes, mais le résultat final, l'importance immense de cette pellicule vitale dans l'histoire géochimique des éléments en question, ne fait pas de doute.

Dans l'histoire du *silicium*, l'influence de la pellicule du fond se manifeste par la formation de dépôts des débris d'organismes siliceux provenant en partie du plancton, en partie du fond, radiolaires, diatomées, éponges marines. En définitive, il s'y forme les plus grandes concentrations connues de silice libre, dont le volume atteint des millions de kilomètres cubes. Cette silice libre, inerte et peu sujette aux changements dans la biosphère, est un facteur chimique puissant, un porteur d'énergie chimique libre dans les enveloppes métamorphiques et magmatiques de la Terre, en raison de son caractère chimique acide d'anhydride libre.

On ne saurait douter de l'autre réaction biochimique qui s'y effectue, et dont il est encore malaisé d'élucider l'importance. C'est la décomposition par les diatomées et peut-être par les bactéries des alumosilicates de structure kaolinique, aboutissant d'une part à la formation des dépôts dont il a été question plus haut, de silice libre, et d'autre part au dégagement des hydrates d'oxyde d'aluminium. Ce processus semble s'effectuer non seulement dans les vases marines mais, à juger d'après les expériences de J. Murray et R. Irvine, dans les particules argileuses en suspension dans l'eau marine qui sont elles-mêmes le résultat de processus biochimiques de l'altération superficielle de la matière brute des continents et des îles.

145. — L'importance de ces régions et de leurs réactions biochimiques n'est pas moindre dans l'histoire du *fer* et du *manganèse*. Le résultat de ces réactions est indubitable : c'est la formation des plus grandes concentrations de ces éléments connues dans l'écorce terrestre. Tels les jeunes minerais de fer tertiaires de Kertch, mézozoïques, en Lorraine. Tout démontre que ces limonites et ces chlorites riches en fer se sont dégagés en rapport étroit avec les manifestations vitales. Bien que le phénomène, dans sa partie chimique, ne soit pas encore parfaitement clair, le fait principal, son caractère biochimique, bactériel, ne fait pas de doute. Les travaux récents de savants russes comme B. Perfiljeff, P. Butkevitch, B. Issatshenko (1927-1926) l'ont prouvé.

Sur toute l'étendue de l'histoire géologique depuis l'archéen les mêmes processus se répètent. Ainsi se sont par exemple formées les grandes et les plus anciennes concentrations de fer dans le Minnesota (M. Gruner, 1924).

Les nombreux minerais de manganèse et ses plus puissantes concentrations en Transcaucasie dans le gouvernement de Koutaïs revêtent un caractère analogue. Il existe des transitions entre les minerais de fer et de manganèse, et, à l'heure actuelle des synthèses analogues, dont l'origine biochimique bactérienne ne peut éveiller de doutes sérieux, ont lieu sur des espaces considérables du fond marin.

146. — Analogue est la genèse des composés du phosphore qui se déposent encore aujourd'hui sur le fond

marin dans des conditions mal élucidées. Leur liaison avec les phénomènes de la vie, avec les processus biochimiques est indubitable, mais le mécanisme du processus n'est pas encore connu d'une façon exacte.

Il est certain que le phosphore des gisements des phosphorites de cette espèce, de forme concrétionnaire, connus au cours de toute l'histoire géologique, au moins depuis le cambrien, est d'origine organique. Il est indubitablement lié partout aux concentrations vitales du fond marin. Des concentrations de phosphorites se forment jusqu'aujourd'hui dans ces concentrations vitales à une plus petite échelle, près du sud de l'Afrique, par exemple.

Il est certain qu'une partie de ce phosphore avait déjà été accumulée par les organismes pendant leur vie, sous forme de phosphates complexes, concentrés en diverses parties de leur corps et riches en phosphore.

Cependant le phosphore des organismes si nécessaire à la vie ne quitte habituellement pas le cycle vital. Les conditions où il peut s'en échapper ne sont pas claires ; cependant tout indique que de pair avec le phosphore des squelettes, composés solides de calcium, le phosphore des composés organiques colloïdaux, ainsi que les phosphates des humeurs de l'organisme, se transforment en concrétions et prennent ainsi part à cette émigration du cycle vital.

Cette émigration du phosphore s'effectue à la mort des organismes riches en squelettes contenant du phosphore, quand les conditions rendent impossibles les processus habituels de l'altération de leurs corps et créent un milieu favorable à l'activité vitale de bactéries spécifiques. Quoi qu'il en soit, ce sont des faits hors de doute que ceux de l'origine biogène de ces amas phosphatiques, de leur lien étroit et permanent avec la pellicule vitale du fond et du renouvellement incessant de phénomènes analogues au cours de tous les temps géologiques.

C'est ainsi que s'accumulent les plus grandes concentrations de phosphore connues telles que les phosphorites tertiaires de l'Afrique du Nord ou des états sud-est de l'Amérique du Nord.

147. — Il est certain que les connaissances relatives au travail chimique de la matière vivante de cette pellicule sont loin d'être complètes. Il est évident que le rôle de cette pellicule est important dans l'histoire du *magnésium*, dans celle du *baryum* et probablement celles d'autres éléments chimiques, tels par exemple que le *vanadium*, le *strontium* ou l'*uranium*. On est ici en présence d'un grand domaine de phénomènes encore peu exploré par les sciences exactes.

Une autre partie de la *pellicule du fond*, sa partie inférieure dénuée d'oxygène, est encore plus obscure et énigmatique. C'est la région de la vie anaérobie bactérienne et des phénomènes physico-chimiques, liés aux composés organiques qui pénètrent cette région. Ces composés ont été créés dans un nouveau milieu riche en oxygène, par des organismes vivants particuliers, étrangers à notre milieu vital habituel.

Bien que les processus qui s'y effectuent demeurent dans une large mesure obscurs et qu'on soit obligé de recourir à des conjectures pour la solution de nombreux problèmes qui s'y rapportent, on ne saurait les négliger et il importe d'en tenir compte lors de l'évaluation du rôle de la vie dans le mécanisme de l'écorce terrestre.

Car deux généralisations empiriques sont indubitables : 1º l'importance de ces dépôts de vase marine, riches en débris organiques, dans l'histoire du *soufre*, du *phosphore*, du *fer*, du *cuivre*, du *plomb*, de l'*argent*, du *nickel*, du *vanadium*, selon toute apparence du *cobalt*, et peut-être dans celle d'autres métaux plus rares ; 2° le renouvellement de ce phénomène à diverses époques géologiques à une échelle importante, marquant le rapport qui le lie aux conditions physico-géographiques déterminées du lent desséchement séculaire des bassins marins et au caractère biologique de ces conditions.

148. — L'action immédiate qu'exercent certains organismes vivants sur le dégagement du *soufre* n'est pas douteuse. Ce sont les bactéries, dégageant l'hydrogène sulfurique, décomposant les sulfates, polythionates ou les composés organiques complexes contenant du soufre.

L'hydrogène sulfhydrique qui se dégage dès lors, entre en de nombreuses réactions chimiques et produit des métaux sulfureux. Ce dégagement biochimique de l'acide hydrosulfurique est un phénomène caractéristique de cette région, et se répète incessamment partout dans les vases marines : il s'oxyde biochimiquement à nouveau rapidement dans leurs parties supérieures, et donne des sulfates qui peuvent recommencer le même cycle de transformations biochimiques.

La genèse biochimique des composés des autres métaux n'est pas aussi claire. Tout indique cependant que le fer, le cuivre, le vanadium et peut-être d'autres métaux qui s'y trouvent en combinaison avec le soufre, ont été formés par l'altération d'organismes riches en ces métaux. D'autre part, il est très probable que les matières organiques de la vase marine ont la propriété de retenir les métaux, de les concentrer à partir des faibles solutions ; les atomes des métaux eux-mêmes peuvent cependant n'avoir parfois aucun rapport avec la matière vivante.

Mais, dans un cas comme dans l'autre, ce dégagement de métaux n'aurait pas lieu s'il n'y avait pas de débris de vie, c'est-à-dire si la vase marine n'était pas dans sa partie organique intégrante, un produit de la matière vivante.

De tels processus sont aujourd'hui observés sur une grande échelle dans la mer Noire (génèse du fer sulfureux) et, à des échelles moindres dans d'autres cas, très nombreux. Il est possible par ailleurs, d'établir leur puissant développement à d'autres périodes géologiques. Des quantités immenses de cuivre ont été ainsi dégagées dans la biosphère, provenant des solutions riches en matières organiques et en organismes d'une composition chimique spécifique dans diverses localités de l'Eurasie aux périodes Permienne et Triasique.

149. — Il suit de là que la même distribution de la vie a existé dans l'hydrosphère à travers toutes les périodes géologiques et que la manifestation de la vie dans la chimie planétaire au cours de ces temps a toujours été la même. Les mêmes pellicules vitales, du plancton et du fond, ainsi que les mêmes concentrations vitales (1) ont existé à travers toutes les périodes géologiques, faisant partie du même appareil biochimique qui a fonctionné incessamment durant des centaines de millions d'années.

Les continuels déplacements de la terre ferme et de la mer ont déterminé la translation à la surface de la planète des mêmes régions chimiquement actives, formées par la matière vivante, les pellicules et les concentrations vitales de l'hydrosphère. Ces concentrations et pellicules se sont transplantées par cette voie d'un endroit dans un autre ainsi que des taches sur la face terrestre.

(1) En tout cas les concentrations littorales.

Au cours de l'étude des anciens dépôts géologiques, rien n'indique nulle part qu'il s'y soit produit quelque changement dans la structure de l'hydrosphère ou dans ses manifestations chimiques.

Or, au point de vue morphologique, le monde vivant est devenu méconnaissable au cours de ces temps. Son évolution n'a évidemment eu d'influence sensible ni sur la quantité de la matière vivante, ni sur sa composition chimique moyenne : l'évolution morphologique a dû s'effectuer dans des cadres déterminés, n'entravant pas les manifestations de la vie dans le tableau chimique de la planète.

Cependant l'évolution morphologique était indubitablement liée à des processus complexes, de caractère chimique, à des changements chimiques, qui, considérés à l'échelle individuelle et même à celle de l'espèce, devaient être importants. Des composés chimiques nouveaux étaient créés, des composés anciens disparaissaient avec l'extinction des espèces, mais tout cela n'avait pas de répercussion sensible sur l'effet géochimique sommaire de la vie, ni sur sa manifestation planétaire. Le phénomène biochimique même d'une portée énorme, la création du squelette des métazoaires, riche en calcium, en phosphore, parfois en magnésium a passé inaperçu dans l'histoire géochimique de ces éléments. Et cependant il est très probable qu'à une époque antérieure, à l'ère paléozoïque, les organismes ont été privés d'un tel squelette : cette hypothèse, souvent considérée comme généralisation empirique, explique en effet beaucoup de traits importants dans l'histoire paléontologique du monde organique.

Ce phénomène n'ayant pas eu de répercussion sur l'histoire géochimique du phosphore, du calcium, du magnésium, il convient d'admettre qu'antérieurement à la création des métazoaires pourvus de squelettes, avait eu lieu la formation à la même échelle des composés mêmes de ces éléments grâce à l'activité vitale des protistes, entre autres des bactéries ; un tel processus s'effectue encore aujourd'hui, mais son rôle, jadis, a dû être bien plus important et plus universel.

Si ces deux phénomènes, différents au point de vue des temps géologiques et de leurs mécanismes, ont provoqué la migration biogène des mêmes atomes en masses identiques, le changement morphologique, si important qu'il soit, n'aura pas de répercussion sur l'histoire géochimique du Ca, du Mg et du Pv. Tout porte à croire qu'un fait de cet ordre a effectivement eu lieu dans l'histoire géologique de la Vie.

150. — LA MATIÈRE VIVANTE DE LA TERRE FERME. — *La Terre ferme* offre un tableau absolument différent de celui de l'hydrosphère. Au fond il n'y existe *qu'une seule pellicule vitale, formée par le sol avec la flore et la faune qui la peuplent.*

Cependant, il faut dégager à la surface terrestre de cette unique pellicule animée de vie, les concentrations aqueuses de la matière vivante, les bassins aqueux, qui au point de vue biochimique et même purement biologique, se distinguent nettement de la terre ferme ; quant à son effet géologique, il en est absolument distinct.

La vie recouvre la Terre ferme d'une pellicule presque ininterrompue ; on y trouve les vestiges de sa présence sur les glaciers et les neiges éternelles, dans les déserts, sur les sommets des montagnes. Il ne saurait guère être question d'absence de vie sur la surface de la terre ferme : tout au plus pourrait-on parler de son absence temporaire, de la rareté de la vie. Sous une forme ou sous une autre, la vie se manifeste partout. Les espaces de la Terre où la vie est rare, les espaces pauvres en vie, déserts, glaciers, neiges perpétuelles, et cimes neigeuses, ne forment guère que 10 pour 100 de sa surface. Le reste est intégralement une pellicule vivante.

151. — L'épaisseur de cette pellicule n'est pas considérable ; elle ne dépasse pas quelques dizaines de mètres au-dessus de la surface terrestre dans les espaces recouverts de forêts continues : dans les champs et les steppes elle n'atteint pas plus de quelques mètres.

Les forêts des pays équinoxiaux dont la hauteur des arbres est la plus élevée, forment des pellicules vitales. dont l'épaisseur moyenne est de 40 à 50 mètres. Les arbres les plus hauts qui vont jusqu'à 100 mètres et davantage, se perdent dans l'ensemble des plantations et peuvent être négligés dans leur effet sommaire.

La vie ne s'abaisse pas dans les profondeurs des sols et des sous-sols au-dessous de quelques mètres ; la vie aérobie ne dépasse pas de 1 à 5 mètres en moyenne, la vie anaérobie de quelques dizaines de mètres.

La pellicule vitale recouvre ainsi la surface des continents d'une couche dont l'épaisseur s'élève à plusieurs dizaines de mètres (populations forestières) et s'abaisse à quelques mètres (populations herbacées).

L'activité de l'humanité civilisée a introduit des changements dans la structure de cette pellicule n'existant nulle part ailleurs dans l'hydrosphère.

Ces changements constituent dans l'histoire géologique de la planète un phénomène nouveau dont l'effet géochimique n'a pas encore été évalué. Une des manifestations principales de ce phénomène est, au cours de l'histoire humaine, la destruction systématique des forêts, c'est-à-dire des parties les plus puissantes de la pellicule.

152. — Nous faisons nous-mêmes partie de la composition de cette pellicule, et le changement produit dans cette composition et dans sa manifestation au cours d'un cycle solaire annuel, est manifeste.

Les organismes prédominants par la quantité de matière englobée par la vie sont les plantes vertes et, parmi elles les herbes et les arbres ; parmi la population animale, les insectes, les tiques, peut-être les araignées.

Mais, en général, à la différence frappante de la vie des Océans, la matière vivante de second ordre, animaux, organismes hétérotrophes, jouent dans la composition de la pellicule continentale un rôle secondaire. Les parties les plus puissantes, les grandes forêts des pays tropicaux comme l'Hylée de l'Afrique, ou celles du Nord, la Taiga, sont souvent des déserts au point de vue des animaux supérieurs, mammifères, oiseaux et autres vertébrés. Les arthropodes, pour nous peu marquants, forment la population très raréfiée de ces puissants amas d'organismes verts.

Cependant les fluctuations saisonnières de la vie, dues aux périodes latentes et actives de la reproduction, de la manifestation de l'énergie vitale géochimique, sont évidentes dans cette *pellicule continentale*. Leur constatation n'a pas exigé d'efforts comme cela s'est produit pour la pellicule planctonique. A nos latitudes, la vie s'engourdit en hiver, et s'éveille et se développe au printemps. Ce même phénomène a lieu partout sous des formes diverses et innombrables, avec plus ou moins d'évidence, depuis les pôles jusqu'aux tropiques.

Ce n'est pas là seulement un phénomène nettement exprimé pour la végétation verte et pour le monde animal terrestre, qui y est lié, mais ces périodes saisonnières sont aussi caractéristiques pour les sols, pour leur vie invisible. Malheureusement ce phénomène est peu étudié, bien que son rôle dans l'histoire de la planète soit, on le verra, bien plus considérable qu'il n'est généralement admis.

En somme, il existe pour toutes les pellicules de l'hydrosphère et de la terre ferme des périodes, réglées par le Soleil, d'intensité de la multiplication, de la marche de l'énergie géochimique, de la matière vivante, « des tourbillons » des éléments chimiques englobés par celle-ci. *Les processus géochimiques sont soumis à des pulsations qui s'élèvent et s'abaissent tour à tour.* Les lois numériques qui les règlent évidemment, ne sont pas encore connues.

153. — Les phénomènes géochimiques liés à la pellicule vivante de la Terre ferme sont très caractéristiques et distinguent nettement cette pellicule des pellicules océaniques.

Les processus de l'émigration des éléments chimiques hors du cycle vital ne forment jamais dans la pellicule vivante de la Terre ferme des concentrations de minéraux vadoses, semblables aux dépôts marins. Il s'y dépose annuellement des millions de tonnes de carbonates de calcium et de magnésium (calcaires et calcaires dolomitisés), de silice (opales, etc.), d'hydrates d'oxyde de fer (limonites), de composés hydratés de manganèse (pyrolusites et psilomelans), de phosphates complexes de calcium (phosphorites), etc. (§ 143 et suivants). Tous ces corps sont d'origine marine, en tout cas aqueuse. Les éléments chimiques de la matière vivante de la terre émigrent encore moins souvent du cycle vital que ceux de l'hydrosphère (§ 142). Après le décès de l'organisme ou l'anéantissement des parties de son corps, la matière qui les composait, ou bien est immédiatement absorbée par de nouveaux organismes, ou bien s'échappe dans l'atmosphère sous forme de *produits gazeux.* Ces gaz biogènes O_2, CO_2, H_2O, N_2, NH_3, sont sur-le-champ englobés par l'échange gazeux de la matière vivante.

Il s'y établit un équilibre dynamique complet, grâce auquel l'énorme travail géochimique produit par la matière vivante terrestre, ne laisse après des dizaines de millions d'années d'existence, que des traces insignifiantes dans les corps solides qui construisent l'écorce terrestre. Les éléments chimiques de la matière terrestre vitale se trouvent en un mouvement incessant sous forme de gaz et d'organismes vivants.

154. — Une proportion insignifiante du poids des restes solides, mais qui atteint probablement plusieurs millions de tonnes, s'échappe annuellement de l'équilibre dynamique du cycle vital de la Terre ferme. Cette masse s'échappe sous forme de très fine poussière « traces » de « matière organique », formée principalement par des composés de carbone, d'oxygène, d'hydrogène, d'azote, dans une moindre quantité de phosphore, de soufre, de fer, de silicium, etc. Toute la biosphère est pénétrée par cette fine poussière dont une petite partie, encore indéterminée sort du cycle vital parfois pour des millions d'années.

Ces restes organiques pénètrent toute la matière de la biosphère, vivante et brute, s'accumulent dans tous les minéraux vadoses, dans toutes les eaux superficielles, et sont emportés dans la mer par les fleuves et les météores. Leur influence sur la marche des réactions chimiques de la biosphère est énorme et analogue à celle des matières organiques dissoutes dans les eaux naturelles, dont il a été question plus haut (§ 93). Les restes organiques vitaux sont pénétrés d'énergie chimique libre dans le champ thermodynamique de la biosphère ; en raison de leurs petites dimensions, ils donnent facilement des systèmes aqueux en dispersion, et des solutions colloïdales.

155. — Ces restes se concentrent dans les sols de la Terre ferme, qu'on ne peut cependant pas considérer absolument comme une matière brute. La matière vivante y atteint souvent des dizaines de centièmes en poids ; c'est la région où se concentre l'énergie géochimique maxima de la matière vivante, son laboratoire le plus important au point de vue des résultats géochimiques, du développement des processus chimiques et biochimiques qui s'y effectuent.

Cette région est, par son importance, analogue à celle des vases de la pellicule océanique du fond (§ 141), mais elle s'en distingue par la prédominance du milieu oxydant : au lieu de quelques millimètres on de quelques centimètres d'épaisseur dans la vase du fond, ce milieu peut dépasser un mètre dans les sols. Les animaux fouisseurs sont ici également les facteurs puissants de leur homogénéisation.

Le sol est la région de l'altération superficielle énergique dans un milieu riche en oxygène libre et en acide carbonique, en partie formés par la matière vivante qui s'y trouve.

Mais par opposition au biochimisme subaérien de la Terre ferme, les formations chimiques du sol n'entrent pas en totalité dans les nouveaux tourbillons vitaux des éléments qui, selon l'expression imagée de G. Cuvier, constituent l'essence de la vie, ne se convertissant pas en formes gazeuses des corps naturels. Ils quittent temporairement le cycle vital et se répercutent dans un *autre phénomène grandiose planétaire, la composition de l'eau naturelle, et l'eau salée de l'Océan.*

Le sol est vivant tant qu'il est humide. Ses processus s'effectuent dans un milieu aqueux, solutions ou systèmes dispersés (colloïdes).

Par là, se détermine la différence de caractère distinguant la manifestation de la matière vivante du sol au point de vue de la chimie de la planète, de celle des

= 193 =

organismes vivants qui se trouvent sur le sol, et où le rôle décisif appartient au mécanisme de l'eau sur la terre ferme.

156. — L'eau de la Terre ferme se trouve en un mouvement incessant, faisant partie d'un processus cyclique géochimique. Ce cycle est suscité par l'énergie du Soleil, par ses rayons thermiques. L'énergie cosmique se manifeste par cette voie sur notre planète autant que par le travail géochimique de la vie. L'action de l'eau dans le mécanisme de toute l'écorce terrestre est absolument décisive et ce fait se manifeste avec le plus de netteté dans la biosphère. L'eau n'entre pas seulement en moyenne pour plus des deux tiers de son poids dans la matière vivante (§ 109), mais sa présence est une condition absolument nécessaire à la multiplication des organismes vivants, à la manifestation de leur énergie géochimique. C'est grâce à elle que la vie fait partie du mécanisme de la planète.

Dans la biosphère, ce n'est pas seulement l'eau qui ne peut être séparée de la vie, mais la vie non plus ne peut être séparée de l'eau. Il est difficile d'établir où finit l'influence de l'un des corps, l'eau, et où commence celle de l'autre corps, la matière vivante hétérogène.

Le sol est immédiatement englobé par le cycle géochimique de l'eau ; il en est saturé de fond en comble par les météores. Il est toujours pénétré dans toute sa masse par l'action dissolvante et mécanique des eaux superficielles. Ces eaux dissoutes s'emparent incessamment de ses parties riches en restes organiques sous forme de solution et de suspension. La composition de l'eau douce liée ainsi au sol est immédiatement déterminée par le chimisme du sol; elle est une manifestation de son biochimisme. Le sol détermine ainsi nettement la composition essentielle de l'eau fluviale, où s'amassent en fin de compte toutes ces eaux superficielles.

Les fleuves déversent leurs eaux dans la mer, et *la composition de l'eau océanique, du moins de sa partie saline, est en fin de compte et principalement due au travail chimique du sol, à sa biocénose encore peu connue.*

Le caractère oxygéné du milieu du sol s'y répercute ; il se manifeste par les produits finaux de sa matière vivante. Dans les eaux fluviales, les sulfates et les carbonates prédominent ; le sodium est lié au chlore. En rapport étroit avec le biochimisme de ces éléments dans le sol, leur caractère dans l'eau fluviale se distingue nettement de celui des composés solides qu'ils donnent dans les enveloppes terrestres dénuées de vie.

157. — On observe aussi, en rapport avec la circulation de l'eau sur la Terre ferme, d'autres manifestations chimiques régulières de la matière vivante peuplant cette Terre.

La vie qui remplit ses *bassins aqueux* se distingue nettement par ses effets de celle qui peuple les parties subaériennes.

On observe dans les bassins aqueux, des phénomènes en grande partie analogues aux *pellicules* et aux concentrations vitales de l'hydrosphère, on peut y distinguer à une plus petite échelle la pellicule vitale du plancton, celle du fond, et les concentrations vitales littorales. On y observe non seulement les processus propres au milieu oxygéné, mais des réactions chimiques aussi dans un milieu *réducteur*. Enfin l'émigration des éléments chimiques hors du cycle vital y joue un rôle important, ainsi que la formation de produits solides, entrant plus tard dans la composition des roches sédimentaires de l'écorce terrestre. Il semble que le processus du dégagement des corps solides dans la biosphère, est, ainsi que dans l'hydrosphère, lié aux phénomènes du milieu réducteur, à la combinaison rapide de l'oxygène libre et en dernier lieu à la disparition non seulement de la vie aérobie des protistes, mais aussi de leur vie anaérobie.

Malgré ces traits généraux de ressemblance, l'effet géochimique de ce phénomène de la Terre ferme se distingue foncièrement de celui de l'hydrosphère.

158. — La distinction tient à la différence nette qui existe entre l'hydrosphère et les bassins aqueux de la Terre ferme. La distinction chimique essentielle, est le caractère doux de la masse principale de l'eau ; la distinction physique, c'est le peu de profondeur des bassins. La masse essentielle de l'eau de la terre ferme dans la région de la biosphère est concentrée en flasques, en lacs et en marais, et non en fleuves. Par suite du peu de profondeur des bassins, il ne forme qu'une seule concentration vitale, *concentration vitale douce ou saumâtre*. Dans les mers d'eau douce seules, par exemple la mer du Baïkal, on observe des pellicules vitales séparées, analogues à celles de l'hydrosphère. Mais ces lacs profonds font exception.

Le rôle biochimique de ces lacs se distingue nettement de celui des bassins aqueux de l'Océan ce qui se manifeste en premier lieu dans le fait que les produits de dégagement sont différents dans les bassins d'eau douce. Le premier rang y est occupé par les composés du *carbone*. Bien que la silice ainsi que les carbonates de calcium et les oxydes hydratés du fer se forment dans les pellicules du fond et les concentrations vitales des bassins de la Terre ferme, ils y tiennent le second rang en comparaison avec le dégagement des corps carbonés. C'est ici seulement, que s'effectue à un degré marqué, la formation des corps solides vadoses stables du *carbone, de l'hydrogène et de l'azote*, pauvres en oxygène, de tous les charbons de terre et des bitumes. Ce sont les formes stables des minéraux vadoses qui, en quittant la biosphère, passent dans d'autres composés organiques du carbone. Le carbone se dégage sous forme libre de graphite lors de leur transformation finale dans les régions métamorphiques.

La cause de la formation de corps carbono-azoteux solides, dans les bassins aqueux (saumâtres ou doux) n'est pas claire ; mais il en a toujours été ainsi à travers les temps géologiques. Il n'existe pas d'amas tant soit peu considérables de ces corps dans l'eau de mer et il ne s'en forme jamais dans la chimie de l'Océan. Est-ce là un effet du caractère chimique du milieu ou de la structure de la nature vivante, on ne saurait le dire, mais dans l'un comme dans l'autre cas, ce phénomène est certainement en relation avec le caractère de la vie.

Les amas de ces matières organiques offrent des foyers puissants d'énergie potentielle, « des rayons de soleil fossiles » selon l'expression imagée de R. Mayer, dont l'importance dans l'histoire de l'homme est énorme, et n'est pas indifférente non plus à l'économie de la Nature. On peut se faire une idée de l'échelle des manifestations de ce processus en évaluant les réserves connues de houille.

Il semble presque certain que c'est dans ces mêmes concentrations d'eau douce ou saumâtre de la Terre ferme qu'il faut chercher les sources principales de la formation des grands amas d'hydrocarbures liquides, des pétroles.

Il est possible que, parallèlement à ce qui est observé pour les couches de charbons de terre, ces bassins soient souvent voisins des mers. La formation des pétroles n'est pas un processus de surface : c'est un phénomène de décomposition de débris d'organismes, qui paraît biochimique, et a lieu à l'abri de l'oxygène libre, près des limites inférieures de la biosphère. Il prend fin dans les régions phréatiques. L'origine vitale des gros amas de pétroles semble prouvée grâce à un ensemble de faits bien établis par l'observation exacte.

159. — Rapport des pellicules et des concentrations vitales de l'hydrosphère avec celles de la terre ferme. — Il ressort clairement de ce qui précède que toute la vie offre un ensemble indivisible et indissoluble, dont toutes les parties sont liées non seulement entre elles, mais aussi avec le milieu brut de la biosphère

Mais l'insuffisance des connaissances actuelles ne permet pas d'en donner un tableau d'ensemble bien net.

C'est là, la tâche de l'avenir, qui interprétera sans doute aussi les conditions numériques, quantitatives, à poser comme base.

Pour le moment on ne peut en saisir que les contours quantitatifs généraux. Mais ces fondements de nos représentations semblent être très solides. Le fait principal, c'est *l'existence de la biosphère durant tous les temps géologiques*, depuis ses indices les plus anciens, depuis l'ère archéozoïque.

Cette biosphère a toujours été constituée de la même manière dans ses traits essentiels. Ainsi, un seul et même appareil chimique a sans cesse fonctionné dans la biosphère à travers tous les temps géologiques, mû par le courant ininterrompu de la même énergie solaire rayonnante, appareil créé et maintenu en activité par la matière vivante. Cet appareil est composé de *concentres vitaux déterminés*, qui en se transformant sans cesse, occupent pourtant les mêmes places dans les enveloppes terrestres correspondant à la biosphère. Ces concentres de vie, *pellicules et concentrations vitales*, forment des subdivisions secondaires déterminées des enveloppes terrestres. Somme toute, leur caractère concentrique est soutenu, bien qu'elles ne recouvrent jamais d'une seule couche ininterrompue toute la surface de la planète. Elles constituent les régions chimiquement actives de la planète ; c'est là que sont concentrés de très divers systèmes statiques stables d'équilibres dynamiques, des éléments chimiques terrestres.

Ce sont les régions où l'énergie rayonnante du Soleil, qui pénètre tout le Globe, prend la forme d'énergie chimique terrestre libre ; l'énergie solaire se transforme en énergie terrestre par degrés différents pour différents éléments chimiques. L'existence de ces régions de la planète est liée d'une part à l'énergie que celle-ci reçoit du Soleil, d'autre part aux propriétés de la matière vivante, remplissant le rôle d'accumulateur et de transformateur de cette énergie en énergie chimique terrestre. Les propriétés et les distributions des éléments chimiques eux-mêmes y jouent un rôle important.

160. — Tous *ces concentres vitaux sont en relation étroite les uns avec les autres.* Ils ne peuvent exister indépendamment. Ce lien entre diverses pellicules et concentrations vitales, et leur caractère inaltérable à travers les temps est le trait éternel du mécanisme de l'écorce terrestre.

Comme il n'a jamais existé de période géologique indépendante de la Terre ferme, il n'a non plus existé de période où cette Terre existât seule. Ce n'est que la fantaisie scientifique abstraite qui a pu concevoir notre planète sous forme de sphéroïde, lavé par l'Océan, sous forme de la Panthalasse de E. Suess ou sous celle de pénéplaine, inanimée, nivelée, aride, telle que E. Kant l'avait figurée il y a longtemps, et plus récemment P. Lowell.

La Terre ferme et l'Océan ont coexisté depuis les époques géologiques les plus reculées. Cette coexistence est reliée à l'histoire géochimique de la biosphère, c'est là un fait essentiel de son mécanisme. A ce point de vue les discussions sur l'origine marine de la vie des continents semblent vaines et fantaisistes. *La vie subaérienne doit être aussi ancienne qus la vie marine* dans les cadres des temps géologiques ; ses formes évoluent et changent, mais ce changement se produit toujours à la surface terrestre et non dans les parages océaniques. S'il en était autrement, il aurait dû exister une période de révolution, de changement brusque du mécanisme de la biosphère, que l'étude des processus géochimiques aurait révélée. *Or, depuis les temps archéozoïques jusqu'aujourd'hui, le mécanisme de la planète et de sa biosphère demeure immuable dans les grands traits essentiels.*

Les découvertes récentes de la paléophytologie semblent modifier les opinions courantes dans le sens indiqué. Les plantes vertes les plus anciennes, de la base de l'ère paléozoïque, sont d'une complexité inattendue et indiquent une longue évolution subaérale.

La vie dans ses traits essentiels reste immuable, changeant seulement de forme, au cours de tous les temps géologiques. En réalité, *toutes les pellicules vitales, planctonique, du fond, du sol, et toutes les concentrations vitales, littorale, surgassique, douce et saumâtre, y ont toujours existé.* Ce sont leurs rapports mutuels, la quantité de matière qui y est liée, qui se sont modifiés et ont varié au cours des temps. Cependant, ces *modifications n'ont pas dû être bien considérables :* car, l'apport d'énergie, la radiation solaire, étant inaltérable ou presque, à travers les temps géologiques, la distribution de cette énergie dans les pellicules et les concentrations vitales a dû être déterminée par la matière vivante, la seule et fondamentale partie variable dans le champ thermodynamique de la biosphère.

Mais *la matière vivante elle-même n'est pas une création accidentelle.* L'énergie solaire se répercute en elle comme en toutes ses concentrations terrestres.

On peut pousser l'analyse plus avant, approfondir le mécanisme complexe constitué par les pellicules et les concentrations vitales ; il faudrait alors revenir plus longuement sur les formes, non des organismes, mais des associations de ceux-ci, matières vivantes homogènes, formant les pellicules et les concentrations vitales, et sur les rapports chimiques mutuels qui les rattachent les unes aux autres. Nous espérons revenir plus tard sur les deux problèmes : des matières vivantes homogènes et de la structure de la matière vivante dans la biosphère.

L'ÉVOLUTION DES ESPÈCES ET LA MATIÈRE VIVANTE [1]

I.

La vie constitue une partie intégrante du mécanisme de la biosphère. C'est ce qui ressort nettement de l'étude de l'histoire géochimique des éléments chimiques, des processus biogéochimiques, si importants, exigeant toujours l'intervention de la vie.

Ces manifestations biogéochimiques de la vie constituent un ensemble de processus vitaux absolument distincts à première vue de ceux qu'étudie la biologie.

Il semble même qu'il y ait incompatibilité entre ces deux aspects de la vie, entre son aspect biologique et son aspect géochimique, et seule une analyse plus approfondie permet de se rendre compte du caractère de cette différence.

Elle fait voir en effet qu'il s'agit, en partie, de phénomènes identiques se traduisant diversement, en partie, de phénomènes vitaux, effectivement différents, considérés différemment, soit du point de vue de la géochimie, soit, au contraire, de celui de la biologie.

[1] Communication faite à la Société des Naturalistes de Léningrad le 5 février 1928.

La comparaison de ces deux points de vue transforme la conception scientifique des phénomènes de la vie et lui donne plus de profondeur.

La différence de ces deux représentations de la vie se manifeste, d'une manière particulièrement frappante dans le fait que la théorie de l'évolution, qui pénètre toute la conception biologique actuelle de l'univers, ne joue presque aucun rôle en géochimie.

Nous nous efforcerons ici de mettre en lumière l'importance des phénomènes de l'évolution des espèces dans le mécanisme de la biosphère.

Il est aisé de se convaincre que les conceptions fondamentales de la biologie y subissent des modifications radicales.

Ainsi l'espèce est habituellement considérée dans la biologie du point de vue *géométrique;* la forme, les caractères *morphologiques*, y occupent la première place. Dans les phénomènes biogéochimiques, au contraire, celle-ci est réservée au nombre et l'espèce est considérée du point de vue *arithmétique*. Différentes espèces d'animaux et de plantes doivent, à l'instar des phénomènes chimiques et physiques, des composés chimiques et des systèmes physico-chimiques, être caractérisés et déterminés en géochimie par des *constantes numériques*.

Les indices morphologiques relevés par les biologues et nécessaires pour la détermination de l'espèce y sont remplacés par les constantes numériques.

Dans les processus biogéochimiques il est indispensable de prendre en considération les constantes numériques suivantes : le *poids* moyen de l'organisme, sa *composition chimique élémentaire moyenne* et *l'énergie géochimique moyenne* qui lui est propre, c'est-à-dire sa faculté de produire des déplacements, autrement dit « la migration » des éléments chimiques dans le milieu vital.

Dans les processus biogéochimiques ce sont la matière et l'énergie qui sont au premier plan au lieu de la forme inhérente à l'espèce. L'espèce peut à ce point de vue être considérée comme une *matière* analogue aux autres matières de l'écorce terrestre, comme les eaux, les minéraux et les roches, qui, avec les organismes, sont l'objet des processus biogéochimiques.

. Vue sous cet angle, l'espèce du biologue peut être envisagée comme une *matière vivante homogène*, caractérisée par la masse, la composition chimique élémentaire et l'énergie géochimique.

Habituellement les caractères des espèces sont exprimés par des chiffres qui renseignent sur le poids, sur la composition chimique et sur les vitesses de transmission de l'énergie géochimique, mais ne donnent qu'une idée très abstraite et très obscure de la réalité.

Il est possible de remplacer cette idée par une autre répondant plus nettement au caractère du processus naturel qui crée l'organisme. Dans ce domaine nous considérons, du point de vue de la chimie physique, les organismes comme des champs autonomes où sont réunis des atomes déterminés en quantité déterminée.

Cette quantité constitue précisément la propriété caractéristique de chaque organisme, de chaque espèce. Elle indique le nombre d'atomes que l'organisme d'une espèce donnée peut retenir en raison de la force qui lui est propre hors du champ de la biosphère et retirer ainsi du milieu ambiant. Le volume de l'organisme et le nombre d'atomes qu'il comporte, exprimés numériquement, donnent la formule la plus abstraite et en même temps la plus réelle de l'espèce dans la mesure où celle-ci se reflète dans les processus géologiques de la planète. On obtient cette formule en mesurant les dimensions de l'organisme, son poids, sa composition chimique. Ce *nombre d'atomes et le volume* de l'organisme ainsi déterminés sont indubitablement des caractères de l'espèce. La présence de la vie dans une sphère d'un volume déterminé et la concentration d'une certaine quantité d'atomes constituent un phénomène réel dans la nature, aussi caractéristique pour un organisme que sa forme ou ses fonctions physiologiques.

Au fond, cette idée exprime probablement avec le plus de profondeur les traits essentiels de son existence.

Les nombres obtenus sont très considérables : par exemple, en ce qui concerne la Lemna minor, le nombre des atomes pour un organisme est supérieur à $3,7 \times 10^{20}$, et atteint des centaines de quintillions.

Ces grands nombres correspondent à la réalité et se prêtent à des comparaisons numériques entre des espèces différentes.

Cette détermination de l'espèce d'après le nombre des atomes compris dans le volume occupé par l'organisme, complète seulement la caractéristique biologique habituelle de l'espèce, qui ne tient compte que de la forme et de la structure.

La matière homogène vivante du géochimiste et l'espèce du biologue sont identiques, mais les modes d'expression sont différents.

2.

L'étude des phénomènes vitaux dans le mécanisme de la biosphère accuse des différences encore plus essentielles dans les notions biologiques ordinaires.

La biosphère dans ses traits fondamentaux n'a pas changé au cours des époques géologiques depuis l'ère archéozoïque, par conséquent, depuis au moins deux milliards d'années.

Cette structure se révèle par un grand nombre de phénomènes correspondants, parmi lesquels les phénomènes biogéochimiques.

Ainsi les cycles géochimiques des éléments chimiques semblent demeurer immuables au cours des temps géologiques. Ils ont dû revêtir à l'époque cambrienne le même caractère qu'à l'époque quaternaire ou que de nos jours.

Les conditions du climat, les phénomènes volcaniques, les phénomènes chimiques et physiques de l'érosion sont demeurés, au cours de toutes les époques géologiques, tels qu'on les observe actuellement. Au cours de toute l'existence de la Terre jusqu'à l'apparition de l'humanité civilisée, aucun nouveau minéral n'a été créé. Les espèces des minéraux sur notre planète demeurent invariables ou se modifient sous l'action du temps d'une façon identique. Des composés identiques à ceux d'aujourd'hui se sont formés de tout temps. En aucun cas, on ne saurait rattacher une espèce minérale à une époque géologique déterminée. C'est en quoi les espèces minérales se distinguent nettement des matières vivantes homogènes, des espèces des organismes vivants. Ces dernières se modifient d'une façon très marquée au cours des temps géologiques ; il s'en forme toujours de nouvelles tandis que les espèces minérales demeurent identiques. La vie considérée sous l'aspect géochimique (en tant qu'élément de la biosphère, soumis à de simples oscillations), prise dans son ensemble, apparaît comme stable et immuable.

La vie constitue une partie intégrante des cycles géochimiques qui se renouvellent sans cesse mais demeurent toujours identiques et elle ne saurait subir de grands changements au cours des phénomènes étudiés par la géochimie. La masse de la matière vivante, c'est-à-dire, la quantité d'atomes captés par les innombrables champs autonomes des organismes et la composition chimique moyenne de la matière vivante vivante, la composition chimique des atomes des champs vitaux, doivent en somme demeurer invariables à travers les périodes géologiques. D'ailleurs, au cours des siècles, les formes de l'énergie auxquelles est liée la vie, la radiation du Soleil et probablement l'énergie atomique des matières radioactives ne se sont pas modifiées dans leurs grandes lignes quant à leurs dimensions.

On n'enregistre dans tous ces phénomènes que des oscillations, tantôt dans un sens, tantôt dans un autre, autour d'une grandeur moyenne qui nous apparaît comme constante.

3.

Cette immutabilité qui caractérise tous les processus cosmiques au cours des temps géologiques, offre un contraste frappant avec les modifications profondes subies dans le même temps par les formes vitales étudiées par la biologie.

En particulier, il est absolument certain que tous les caractères de l'espèce, établis par les phénomènes géochimiques, se sont à plusieurs reprises radicalement modifiés à travers les époques géologiques. De nombreuses espèces animales et végétales ont maintes fois disparu et de nouvelles espèces ont été formées avec un poids différent, une autre composition chimique et une autre énergie géochimique que celles qui les avaient précédées. On ne peut douter que la composition chimique de corps morphologiquement divers ne soit toujours différente. Les espèces disparues correspondaient nécessairement à d'autres formes de la matière vivante homogène actuellement disparues. Leurs constantes numériques étaient différentes.

Si néanmoins l'action générale de la vie demeure identique même dans les détails comme par exemple dans les phénomènes de l'érosion, ceci indique *la possi-*

bilité de la formation de nouveaux groupements 'au sein des éléments chimiques, mais nullement celle d'une modification radicale de leur composition et de leur quantité. Ces nouveaux groupements n'ont pas de répercussion sur la constance et l'immutabilité des processus géologiques (géochimiques dans ce dernier cas).

C'est un fait nouveau d'une énorme importance pour la science et on est redevable de son introduction dans le domaine de la biologie à l'étude géochimique de la vie.

Tandis que l'aspect morphologique, géométrique, de la vie prise dans son ensemble subit de grands changements et se manifeste continuellement par l'évolution grandiose des formes vivantes depuis l'ère archéozoïque, la formule numérique, quantitative, de la vie, toujours prise dans son ensemble, demeure immuable dans ses proportions essentielles et, il semble bien aussi, dans ses fonctions essentielles.

Il est vrai que l'étude attentive des phénomènes de l'évolution dans le cas de la biologie révèle l'extrême irrégularité de sa marche. Il ne peut être question du changement constant de toutes les espèces, de toutes les formes de la vie. Au contraire, certaines espèces sont demeurées immuables pendant des centaines de millions d'années, comme par exemple les espèces des radiolaires de l'époque précambrienne qu'il est impossible de distinguer de celles d'aujourd'hui ; telles sont les espèces de la *Lingula* qui, depuis le cambrien jusqu'à nos jours, n'ont subi aucun changement : elles sont restées les mêmes au cours de centaines de millions d'années à travers les innombrables générations qui se sont succédé. On pourrait citer un grand nombre d'exemples analogues pour des périodes peut-être moins longues durant lesquelles, s'il y a eu des changements, ils ont été, en tout cas, peu considérables. On peut également, par conséquent, observer et étudier dans les formes vivantes non leur *variabilité*, mais leur extraordinaire *stabilité*. Il se peut même que cette stabilité des formes des espèces au cours de millions d'années, de millions de générations, soit le trait le plus caractéristique des formes vivantes et mérite la plus profonde attention du biologue.

Ces phénomènes purement biologiques sont probablement la manifestation de l'immutabilité de la vie considérée dans son essence au cours de toute l'histoire géologique, immutabilité qui, sous une autre forme, est révélée par son rôle dans le mécanisme de la biosphère.

Cette stabilité des espèces mériterait, semble-t-il, d'attirer plus l'attention du biologue qu'elle ne le fait à l'heure actuelle.

La pensée du biologue contemporain s'est orientée d'un autre côté. L'évolution des formes au cours des temps géologiques paraît être le trait le plus saillant de l'histoire de la vie, il embrasse pour nous toute la nature vivante.

Ce phénomène a été constaté empiriquement et d'une façon absolument rigoureuse, il y a cent ans, par G. Cuvier, naturaliste des plus profonds et des plus précis, qui a démontré l'existence d'un autre univers, que nous ignorions, à une époque géologique antérieure. Cette constatation a provoqué du vivant de A. Wallace et de C. Darwin, et plus tard, un changement radical de toute la conception de l'univers scientifique des naturalistes. L'évolution des espèces occupe la place centrale dans cette conception et attire l'attention au point de faire 'oublier d'autres phénomènes biologiques aussi importants, si ce n'est davantage.

La notion de l'évolution des espèces occupe une telle place dans la pensée scientifique qu'un nouveau phénomène ou qu'une nouvelle explication dans le domaine de la biologie doivent pour être admis s'y rattacher de façon plus ou moins explicite.

Il importe de mettre en lumière les manifestations de cette évolution dans les processus biogéochimiques, car le développement ultérieur des études géochimiques est actuellement arrêté faute de données, que les biologues seuls peuvent fournir. Les phénomènes biogéochimiques doivent entrer dans la sphère des intérêts de la biologie.

Mais, en outre, la recherche du rapport qui existe certainement entre l'évolution des espèces et les phénomènes biogéochimiques est par elle-même d'un grand intérêt.

Ce rapport de l'évolution des espèces avec le mécanisme de la biosphère, avec la marche des processus biogéochimiques n'est pas douteuse. Le fait que les nombres essentiels qui caractérisent ces processus sont des propriétés de l'espèce qui se modifient au cours de l'évolution, suffirait à le prouver, et c'est précisément l'étude de ce rapport qui permettra de déterminer ceux qui existent entre l'immutabilité des lois de la vie, considérée dans son ensemble, en géochimie, et son évolution, toujours considérée dans son ensemble, en biologie.

C'est un des problèmes scientifiques les plus importants de l'heure actuelle.

4.

On peut aborder ce problème en partant de l'étude de la *migration biogène des éléments chimiques de la biosphère*, caractérisée par la régularité des formes qu'elle prend.

Nous appellerons *migration des éléments chimiques* tout déplacement des éléments chimiques quelle qu'en soit la cause. La migration dans la biosphère peut être déterminée par des processus chimiques, par exemple, lors des éruptions volcaniques ; elle est suscitée par le mouvement des masses liquides, solides, gazeuses dans le cas des évaporations et de la formation des dépôts ; elle s'observe à l'occasion du mouvement des fleuves, des courants marins, des vents, des charriages et des déplacements des couches terrestres, etc.

La *migration biogène* provoquée par l'intervention de la vie compte, envisagée dans son ensemble, parmi les processus les plus grandioses et les plus typiques de la biosphère et constitue le trait essentiel de son mécanisme.

Des quantités innombrables d'atomes se trouvent soumis à l'action d'une migration biogène ininterrompue.

Il est inutile d'insister ici sur l'effet produit dans la biosphère par une migration biogène sur une telle échelle. Nous avons traité cette question plus d'une fois.

Il importe toutefois de signaler quelques traits essentiels de la migration biogène car il est indispensable de les connaître pour comprendre ce qui va suivre.

En premier lieu, *il existe plusieurs formes absolument diverses de migration biogène. D'une part, la migration biogène est liée de la façon la plus intime et génétiquement à la matière de l'organisme vivant, à son existence.* Cuvier a donné une définition précise et juste de l'organisme vivant durant sa vie, comme d'un courant incessant, d'un tourbillon d'atomes qui vient de l'extérieur et y retourne. L'organisme vit aussi longtemps que le courant d'atomes subsiste. Ce courant englobe toute la matière de l'organisme. Chaque organisme par lui-même ou tous les organismes ensemble créent continuellement par la respiration, la nutrition, le métabolisme interne, la reproduction, un courant biogène d'atomes, qui construit et maintient la matière vivante. En somme, c'est là la forme essentielle et principale de la migration biogène, dont l'importance numérique est déterminée par la masse de matière vivante existant à un moment donné sur notre planète. Mais ce n'est pas encore là toute la migration biogène.

Évidemment, l'effet de toute la migration biogène ne dépend pas directement de la masse de la matière vivante. Il ne dépend pas moins de la quantité des atomes que de l'intensité de leurs mouvements en relation étroite avec la vie. La migration biogène sera d'autant plus intense que les atomes circuleront plus vite ; cette migration peut être très diverse, bien que la quantité d'atomes englobés par la vie soit identique.

C'est là la *seconde forme de migration biogène, en relation avec l'intensité du courant biogène des atomes.*

Il en existe encore une troisième. Cette troisième forme commence à prendre à notre époque, époque psychozoïque, une importance extraordinaire dans l'histoire de notre planète. C'est la migration des atomes, suscitée également par les organismes, mais qui ne se rattache pas génétiquement et immédiatement à la pénétration ou au passage des atomes à travers leur corps. *Cette migration biogène est provoquée par le développement de l'activité technique.* Elle est par exemple déterminée par le travail des animaux fouilleurs, dont on relève les traces depuis les époques géologiques les plus anciennes, par le contre-coup de la vie sociale des animaux constructeurs, des termites, des fourmis, des castors. Mais cette forme de migration biogène des éléments chimiques a pris un développement extraordinaire depuis l'apparition de *l'humanité civilisée*, il y a une dizaine de mille ans. Des corps entièrement nouveaux ont été créés de cette façon comme par exemple les métaux à l'état libre. La face de la Terre se transforme et la nature vierge disparaît.

Cette migration biogène ne paraît pas être en relation directe avec la masse de la matière vivante : elle est conditionnée dans ses traits essentiels par le travail de la pensée de l'organisme conscient.

Il faut enfin, probablement, en quatrième lieu, y adjoindre encore les changements dans la distribution des atomes provoqués par l'apparition dans la biosphère de nouveaux composés d'origine organique. C'est *probablement, quant à ses effets, la forme la plus puissante de migration biogène.* Elle ne peut cependant être numériquement évaluée et je n'ai pas à m'en occuper aujourd'hui.

C'est le cas, par exemple, de la migration que détermine le dégagement d'oxygène à l'état libre par les organismes à chlorophylle ou celle causée par la transformation de combinaisons chimiques, inconnues jusqu'ici dans la biosphère et créées par le génie de l'homme.

Il est vrai que ce type de la migration chimique ne peut pas toujours être facilement distingué des deux premiers. Par exemple, la puissante migration chimique provoquée par la destruction des corps des organismes morts, est intimement liée aux processus de putréfaction et de fermentation, suscités par l'existence d'organismes spéciaux.

Mais les processus biochimiques ne l'expliquent pas entièrement.

5.

Les différentes formes de migration chimique indiquées ici constituent une particularité que nous devrons avoir en vue, dans la suite de notre exposé.

Un autre trait caractéristique nous est fourni par les lois physiques qui y président.

La migration biogène n'est qu'un élément d'un autre processus de la biosphère encore plus puissant, autrement dit *de la migration générale de ses éléments*. Cette migration s'effectue partiellement sous l'influence de l'énergie solaire, de la force de la gravitation et de l'action des parties internes de l'écorce terrestre sur la biosphère.

Tous ces déplacements des éléments, quelle qu'en soit la cause, répondent à divers systèmes d'équilibres mécaniques déterminés ; en particulier, dans l'histoire de divers éléments chimiques, ils donnent naissance à des cycles géochimiques fermés, à des tourbillons d'atomes.

Ils peuvent tous être ramenés aux lois des équilibres hétérogènes et aux principes formulés par W. Gibbs.

Les processus cycliques auxquels participe la migration biogène sont entretenus par une force extérieure, dont l'afflux ininterrompu les renouvelle. Les forces de l'énergie solaire radiante et de l'énergie atomique jouent dans le renouvellement de ces processus un rôle prépondérant.

Ces équilibres, étudiés en dehors de cet afflux d'énergie extérieure, sont des systèmes mécaniques, qui arrivent nécessairement à un état stable. Leur énergie libre sera nulle ou voisine de zéro à la fin du processus, car tout le travail susceptible d'être accompli dans ce système le sera en fin de compte nécessairement. Dans des équilibres de cette espèce le travail atteint toujours un maximum, tandis que l'énergie à état libre tend vers un minimum.

La migration biogène est une des principales formes du travail dans ces systèmes d'équilibres naturels et évidemment elle doit tendre vers une manifestation maximale.

On peut considérer cette propriété de la migration biogène comme principe géochimique essentiel qui régit de façon automatique les phénomènes biogéochimiques.

Ce premier principe biogéochimique, comme je l'appelle, peut être formulé comme suit :

La migration biogène des éléments chimiques dans la biosphère tend à sa manifestation la plus complète.

6.

Examinons maintenant comment ces deux propriétés de la migration biogène se manifestent dans la biosphère : le premier principe biogéochimique et l'existence des deux formes de sa manifestation, celle premièrement liée à la masse de la matière vivante et secondement à la technique de la vie.

La masse de la matière vivante doit évidemment, lors de la migration biogène maxima dans la biosphère, atteindre les limites ultimes, si tant est qu'il existe de telles limites.

L'invariabilité de cette masse paraît indiquer que la migration biogène sous cette forme a atteint plus ou moins ces limites depuis les époques géologiques les plus reculées.

Il n'en est pas de même de la migration biogène des éléments qui se rattache à la technique de la vie. On remarque ici un saut brusque à notre époque géologique psychozoïque.

Nous assistons au développement de cette forme biogène de la migration et nous devons, conformément au premier principe biogéochimique, admettre que cette forme de la migration des éléments atteindra inévitablement avec le temps sa limite maxima, en supposant toujours qu'une telle limite existe, ou qu'elle s'efforcera constamment d'atteindre son développement maximum.

7.

On peut aisément évaluer la justesse du premier principe biogéochimique en étudiant la migration biogène. La tendance qu'elle a à atteindre son développement maximum dans la biosphère peut être observée dans la nature à l'occasion de deux phénomènes : en premier lieu, la migration biogène occupera le plus grand espace possible, l'espace maximum qui lui est accessible du fait de la masse de la matière vivante et de la technique vitale inhérente à cette dernière. Ce phénomène se manifeste par l'ubiquité de la vie dans la biosphère, comme nous l'observons partout.

Mais la migration biogène, en ce qui concerne son action géochimique, ne dépend pas seulement de la quantité des atomes captés par elle à tout moment dans la biosphère, mais aussi de la rapidité de leur mouvement, du nombre des atomes passant à travers la matière vivante dans l'unité de temps ou du déplacement dans cette même unité de temps provoqué par une intervention d'ordre technique de cette matière vivante au sein du milieu ambiant.

Le premier principe biogéochimique se manifeste alors par la pression de la vie, que nous observons effectivement dans la biosphère et par l'accélération croissante de l'activité technique de l'homme civilisé.

Il importe en même temps de tenir compte, surtout dans le phénomène de l'ubiquité de la vie, mais aussi dans celui de sa pression, de l'existence dans la biosphère de formes vitales évoluant dans des milieux de caractère physique radicalement différent.

On peut et on doit au fond admettre que la vie se manifeste dans deux espaces physiquement divers.

D'une part elle apparaît dans le champ de la gravitation où nous vivons. C'est naturellement le plus habituel pour nous.

Mais ce champ de gravitation où tout est régi par la loi de la gravitation, n'embrasse pas tout le domaine de la vie.

Les plus petits organismes sont de dimensions voisines des molécules, bien qu'appartenant à une autre décade (1). Ces organismes dont le diamètre n'atteint pas la cent-millième part d'un centimètre, entrent dans le champ des forces moléculaires et leur vie et les phénomènes qui s'y rattachent, ne sont pas régis par la gravitation universelle seule, mais sont également soumis à l'action des rayonnements qui nous entourent de toute part : ceux-ci peuvent abolir en ce qui concerne ces organismes, les conditions d'existence qui découlent de la gravitation.

Nous savons que ces organismes infiniment petits jouissent aussi de l'ubiquité, remplissent l'espace maximum et que la pression de leur vie, l'intensité du courant d'atomes qu'ils provoquent, sont extrêmes.

8.

Ainsi on peut considérer l'ubiquité de la vie et sa pression, comme l'expression du principe de la nature ambiante, qui régit la migration biogène des éléments chimiques.

Il est aisé de se convaincre, quand on étudie les phénomènes naturels et les faits empiriques qui y ont trait, que l'ubiquité même, ainsi que la poussée de la vie ne peuvent pas être expliquées par l'immutabilité de la vie actuelle des organismes.

Ces phénomènes se modifient au cours des temps

(1) W. Vernadsky, *Revue génér. des Sciences.* 1928, p. 136

géologiques et se développent dans une large mesure sous l'action de l'évolution.

La création par suite de cette évolution de nouvelles formes vitales, s'adaptant aux nouvelles formes d'existence, augmente l'ubiquité de la vie et élargit son domaine. La vie pénètre ainsi dans des régions de la biosphère où elle n'avait pas eu d'accès auparavant.

On voit en même temps comment, au cours des époques géologiques, apparaissent de nouvelles formes de vie. Leur survenue amène pourtant une accélération du courant atomique à travers la matière vivante, et provoque également au sein des atomes des manifestations nouvelles, inconnues jusqu'ici, ainsi que l'apparition de nouveaux modes de déplacement.

L'attention que trois générations déjà de naturalistes ont prêtée aux phénomènes de l'évolution des espèces a permis d'analyser la nature vivante et de s'assurer que l'ubiquité et la pression de la vie observées partout, se sont radicalement modifiées et accrues au cours des époques géologiques. C'est *un résultat de l'évolution et de l'adaptation des organismes au milieu.*

Deux ou trois exemples suffiront à rendre ma pensée plus claire. L'analyse de la faune des cavernes démontre qu'elle est composée d'organismes ayant jadis vécu à la lumière. Ils se sont adaptés à de nouvelles conditions et ont élargi ainsi le domaine de la vie. Ceci est vrai aussi pour une partie au moins du benthos de l'Océan. Elle s'est adaptée aux conditions de haute pression, de froid et de ténèbres, bien qu'elle tire son origine d'organismes ayant vécu dans d'autres conditions.

C'est un nouveau phénomène qui élargit le domaine de la vie dans la biosphère. L'analyse de ces phénomènes paraît indiquer que le domaine de la vie continue à s'élargir à notre époque géologique également par le peuplement des profondeurs océaniques.

On peut encore, en ce qui concerne d'autres phénomènes, observer à chaque pas des processus identiques. La flore et la faune des sources thermales comme la flore et la faune des hautes altitudes ou des déserts, et celles des régions des glaciers et des neiges perpétuelles se sont développées conformément aux lois de l'évolution. La vie, en s'adaptant ainsi au milieu, s'est annexé lentement de nouvelles régions et a renforcé la migration biogène des atomes de la biosphère.

Le processus de l'évolution a non seulement élargi le domaine de la vie, il a intensifié et accéléré la migration biogène. La formation du squelette des vertébrés a modifié et augmenté, en la concentrant, la migration des atomes du fluor et, sans doute, du phosphore et celle de celui des invertébrés aquatiques — la migration des atomes du calcium.

Il est inutile d'insister sur l'extrême accroissement de la pression de la vie dans la biosphère provoqué par l'apparition de *l'homo sapiens* évolué, qu'on peut, semble-t-il, appeler en combinant la terminologie de Linné et celle de Bergson et en employant la triple caractéristique de l'espèce *l'homo sapiens faber*. La pensée de *l'homo sapiens faber* est un nouveau fait qui bouleverse la structure de la biosphère après des myriades de siècles.

9.

Ainsi, l'analyse empirique de la nature vivante ambiante établit d'une façon nette et décisive que l'ubiquité et la pression de la vie dans la biosphère sont le résultat de l'évolution. Autrement dit, *l'évolution des formes vivantes au cours des temps géologiques sur notre planète, augmente la migration biogène des éléments chimiques dans la biosphère.*

Naturellement, la condition mécanique qui détermine la nécessité de ce caractère de la migration atomique, s'est maintenue sans interruption au cours de tous les temps géologiques et l'évolution des formes de la vie a toujours eu à en tenir compte.

Cette condition mécanique qui provoque cette migration biogène des éléments est due au fait que la vie constitue une partie intégrante du mécanisme de la biosphère et qu'elle est au fond la force qui détermine son existence.

Il est évident aussi que l'évolution des espèces est en corrélation avec la structure de la biosphère. Ni la vie, ni l'évolution de ses formes, ne sauraient exister indépendamment de la biosphère, ni lui être opposées comme des entités naturelles séparées.

Partant de ce principe fondamental et du fait de la participation de l'évolution au développement de l'ubiquité et de la pression de la vie dans la biosphère actuelle, on est fondé, concernant l'évolution des formes vivantes, à poser un nouveau *principe biogéochimique.*

Ce principe biogéochimique que j'appellerai *second principe biogéochimique* peut être formulé ainsi :

L'évolution des espèces en aboutissant à la création des nouvelles formes vitales stables, doit se mouvoir dans le sens de l'accroissement de la migration biogène des atomes dans la biosphère.

10.

Il est certain que ce principe ne peut en aucune façon expliquer l'évolution des espèces et n'intervient pas dans les tentatives d'explication, dans les différentes théories d'évolution qui préoccupent actuellement les savants. Ce principe admet l'évolution comme un fait empirique, ou plutôt comme une généralisation empirique, et le rattache à une autre généralisation empirique celle du *mécanisme* de la biosphère.

Mais il est loin d'être indifférent du point de vue des théories évolutionnistes et il indique, à mon avis, avec une logique infaillible l'existence d'une *direction* déterminée dans le sens de laquelle le processus de l'évolution doit nécessairement s'effectuer. Cette direction coïncide parfaitement dans sa terminologie (scientifiquement précise) avec les principes de la mécanique, avec toute notre connaissance des processus physicochimiques terrestres auxquels appartient la migration biogène des atomes.

Toute théorie de l'évolution doit prendre en considération l'existence de cette *direction* déterminée du processus de l'évolution qui, avec le développement ultérieur de la science, pourra être évalué numériquement.

Il me semble impossible pour plusieurs raisons, de parler des théories évolutionnistes sans tenir compte aussi de la question fondamentale de *l'existence d'une direction déterminée, dans le processus de l'évolution invariable, au cours de toutes les époques géologiques.*

Prises dans leur ensemble, les annales de la paléontologie ne portent pas le caractère d'un bouleversement chaotique, tantôt dans un sens tantôt dans un autre, mais d'un phénomène, dont le développement s'effectue d'une façon déterminée toujours dans le même sens, dans celui de l'accroissement de la conscience, de la pensée et de la création de formes augmentant l'action de la vie sur le milieu ambiant.

L'existence d'une direction déterminée de l'évolution des espèces peut être établie d'une façon précise par l'observation.

Je me bornerai à un petit nombre d'exemples d'une portée générale relatifs à la marche du processus de l'évolution, aux indications de la paléontologie considérées du point de vue de la transformation de la migration biogène au cours des époques géologiques.

II.

C'est à l'époque du cambrien, aux limites de l'ancien monde vivant étudié par nous, qu'apparurent les invertébrés supérieurs. Le fait en question n'est pas absolument établi, mais il faut l'admettre pour expliquer d'une façon très simple le brusque changement survenu un peu après le début de l'époque cambrienne concernant la conservation des organismes. La complète immutabilité au cours de toute l'époque précambrienne des processus de l'érosion, leur identité complète, si on considère leurs traits essentiels, avec les processus analogues actuels, ne permet pas de chercher l'explication de l'absence de vestiges dans la diversité des conditions du milieu extérieur.

Il n'y a en même temps aucune raison de supposer que le métamorphisme des couches terrestres occasionné par une durée déterminée de ses processus, ait eu comme suite à ce moment précis, une absence de vestiges organiques. Il faudrait admettre autrement que toutes les couches plus anciennes ont été complètement transformées.

Dès maintenant nous connaissons bien des cas ou des couches précambriennes ont été moins métamorphisées que celles de l'époque cambrienne et que les couches plus récentes.

Ce sont probablement les géologues qui admettent ici un brusque changement de la *migration biogène des atomes du calcium* qui ont raison. C'est le premier phénomène de cette espèce que nous ayons pu constater.

On peut se faire une idée de l'importance de cet événement en se souvenant du rôle joué dans la biosphère par les organismes très riches en calcium (les organismes le contiennent de préférence à tous les autres métaux), dans la formation des dépôts calcaires. Le mécanisme de la migration biogène du calcium a subi de grands changements à l'époque indiquée et cette migration est devenue instantanément plus intense. A en juger par ce qu'on connaît de l'intensité de la migration du calcium, suscitée par la création du squelette des invertébrés supérieurs, par exemple, des mollusques ou des coraux, par rapport à celle, dans les organismes microscopiques, du calcium dégagé antérieurement par eux, il faut admettre une augmentation brusque et extrême de l'intensité de sa migration lors de la création de ces nouvelles formes de la vie.

Il est possible, qu'une pareille modification de la migration biogène du calcium, provoquée par la formation de nouvelles espèces douées de squelettes, riches en carbonate de calcium, corresponde à l'invasion de la vie alors dans de nouveaux domaines de la biosphère. Cette modification a dû avoir sa répercussion également dans l'histoire de l'acide carbonique.

Aux débuts de la vie paléozoïque, et peut-être à l'époque cambrienne un autre fait très important relatif à la migration biogène des atomes s'impose à l'attention : il est lié à la transformation radicale de la végétation sylvestre des continents. Le processus du perfectionnement graduel de ces organismes, dont le plein épanouissement atteint, semble-t-il, son point culminant à l'époque tertiaire, s'est prolongé encore aux cours de plusieurs époques géologiques. Ce processus correspond à la conquête par la vie d'un nouvel et immense domaine. celui de la troposphère. L'apparition de la forêt, exubérante de vie, amena un grand changement dans la migration des atomes de l'oxygène, du carbone, de l'hydrogène et simultanément dans celle de tous les atomes vitaux dont le mouvement cyclique tout d'abord a dû devenir plus intense, car la forêt, surtout la forêt d'arbres à feuilles persistantes des nouvelles époques géologiques, concentre la vie, tant végétale qu'animale, dans des proportions inconnues jusqu'alors. Si l'on compare de ce point de vue la forêt des cryptogames des époques primitives à nos forêts ou aux forêts tertiaires des phanérogames, la différence de l'intensité de la migration biogène nous paraîtra énorme.

A l'époque mésozoïque, un nouveau fait, l'apparition des oiseaux, a augmenté l'intensité de la migration biogène et la vie a encore accru son domaine. Ce n'est du reste qu'à l'époque mésozoïque et à l'époque tertiaire que les organismes volants ont atteint leur plein développement sous la forme d'oiseaux. Deux fonctions biogéochimiques très importantes se rattachent à ces deux nouvelles formes de la vie. On ne peut guère conclure à un rapport entre ces formes et les invertébrés volants qui remontent très loin dans le passé, jusqu'aux débuts de l'époque paléozoïque, bien que les invertébrés volants aient particulièrement rempli ces fonctions et les remplissent encore aujourd'hui. En tout cas, seule, la création des oiseaux a donné au mécanisme de la migration biogène l'impulsion qu'elle n'avait pas avant.

Dans le mécanisme de la biosphère, dans la migration biogène des atomes, les oiseaux, ainsi que les autres organismes volants, jouent un rôle immense pour ce qui est de l'échange de la matière entre la Terre ferme et l'eau, principalement entre le continent et l'Océan ! Le rôle des oiseaux s'oppose ici à celui des fleuves, mais, par la quantité des masses transportées, il s'en rapproche. Les migrations des oiseaux rendent ce rôle encore plus important en ce qui concerne la circulation biogène des atomes. L'apparition de ces espèces de vertébrés ailés a non seulement créé de nouvelles formes de migrations biogènes et a eu une répercussion sur la balance chimique de la mer et du continent, mais elle a provoqué encore une recrudescence de la migration biogène au cours de l'histoire de corps séparés, en particulier dans celle du phosphore. Les invertébrés ailés, les insectes, n'ont pas joué un rôle aussi important. Il est vrai que les sauriens volants sont apparus avant les oiseaux, mais tout indique qu'ils n'ont pas exercé une action comparable à la leur. L'apparition des oiseaux paraît liée à celle de nouveaux types de forêts, ou, en tout cas, semble avoir coïncidé avec celle-ci.

Le rôle de l'humanité civilisée du point de vue de la migration biogène a été infiniment plus important que celui des autres vertébrés. Ici, pour la première fois dans l'histoire de la Terre, la migration biogène, due au développement de l'action de la technique a pu avoir une signification plus grande que la migration biogène déterminée par la masse de la matière vivante. En même temps, les migrations biogènes ont changé pour tous les éléments. Ce processus s'est effectué très rapidement dans un espace de temps insignifiant. La face de la Terre s'est transformée d'une façon méconnaissable et pourtant il est évident que l'ère de cette transformation ne fait que commencer.

Ces transformations sont conformes aux données du second principe biogéochimique ; le changement aboutit à un accroissement extrême de l'intensité de la migration des atomes de la biosphère.

Il faut noter ici deux phénomènes : premièrement, l'homme, ce qui n'est pas douteux, est né d'une évolution, et secondement, en observant le changement qu'il produit dans la migration biogène, on constate que c'est un changement d'un type nouveau qui, avec le temps, s'accélère avec une rapidité extraordinaire.

On peut donc parfaitement admettre que les changements dans la migration biogène s'effectuaient au cours des périodes paléontologiques sous l'influence de la création de nouvelles espèces animales et végétales d'une façon non moins rapide.

La forme nouvelle quantitative de la migration biogène correspondant à la civilisation, a été préparée par toute l'histoire paléontologique. On aurait pu retrouver ses premiers vestiges, si nous connaissions les lois de la nature dès les premières pages des annales de la paléontologie.

Je me suis arrêté ici sur quelques phénomènes typiques de l'évolution des espèces, relatifs à la migration biogène des éléments chimiques. Dans tous ces cas, l'accord de l'évolution avec le second principe biogéochimique est évident, comme il ressort toujours, semble-t-il, de l'analyse des annales paléontologiques.

Comment cet accord a-t-il lieu ? Est-ce la suite d'un concours aveugle de circonstances ou bien celle d'un processus plus profond, déterminé par les propriétés de la vie, processus incessant et toujours le même dans ses manifestations au cours de toute l'histoire géologique de la planète ? C'est ce que l'avenir décidera.

L'influence régulatrice du second principe géochimique se manifestera dans deux cas.

Si même la création des espèces avait lieu au hasard, accidentellement, en dehors de l'influence du milieu ambiant, c'est-à-dire du mécanisme de la biosphère, une espèce quelconque, accidentellement créée, n'aurait cependant pu survivre et entrer dans le tourbillon de la planète ; même alors, seule l'espèce suffisamment stable, susceptible d'augmenter la migration biogène de la biosphère, aurait survécu.

Il est cependant impossible d'opposer actuellement d'une façon si élémentaire l'organisme au milieu, c'est-à-dire, à la biosphère, comme on le faisait jadis. On sait que l'organisme n'est pas un hôte accidentel dans le milieu, il fait partie de son mécanisme compliqué et soumis à des lois fixes. L'évolution elle-même constitue une partie de ce mécanisme.

Le naturaliste doit exclure de sa conception de l'univers toutes les notions philosophiques ou religieuses qui ont pénétré du dehors dans la science. L'admission dans les problèmes de l'évolution de l'indépendance de l'organisme par rapport à son milieu et d'une opposition entre ces deux facteurs serait une erreur de ce genre.

De ce point de vue, il existe vraisemblablement un lien intime entre l'accord de l'évolution et le principe qui la régit et il ne s'agit sans doute pas ici d'un simple concours de circonstances.

12.

Sans se préoccuper des causes de l'évolution, en indiquant seulement la nécessité pour celle-ci d'une direction déterminée, l'étude des phénomènes biogéochimiques circonscrit ainsi le domaine des théories évolutionnistes admissibles dans la science.

Il semble que cette étude entr'ouvre devant nous un autre domaine encore de phénomènes d'activité scientifique, réservé jusqu'ici exclusivement à la spéculation philosophique ou religieuse.

La nouvelle forme de migration biogène, nouvelle du moins à cette échelle, a été provoquée, comme nous voyons, par l'intervention de la raison humaine.

Pourtant elle ne se distingue en rien des autres manifestations de la migration biogène, qui se rattachent à d'autres fonctions vitales.

On peut en même temps établir d'une façon précise que la pensée humaine change d'une façon brusque et radicale la marche des processus naturels, et modifie ce que nous appelons les lois de la nature.

La conscience et la pensée, malgré les efforts de générations de penseurs et de savants, ne peuvent être ramenées ni à l'énergie, ni à la matière quelle que soit la façon dont on définit ces bases de notre pensée scientifique.

Comment la conscience peut-elle agir sur une marche de processus qui semblent pouvoir être entièrement ramenés à la matière et à l'énergie ?

Cette question a été dernièrement posée par le mathématicien américain J. Lotka (1), précisément au sujet de phénomènes biogéochimiques. Il est douteux que sa réponse soit satisfaisante. Mais il a indiqué l'importance du problème et la possibilité de l'aborder.

Il est probable que nous ne pourrons résoudre ce problème qu'après avoir radicalement renouvelé nos notions physiques fondamentales, notions qui viennent subir et subissent encore des transformations avec une rapidité dont nous ne connaissions pas avant d'exemple dans l'histoire de la pensée. Les théories physiques devront inévitablement se préoccuper des phénomènes fondamentaux de la vie.

C'est dans ce sens que travaille actuellement la pensée. Il est impossible de ne pas tenir compte de ces nouvelles et profondes recherches. Parmi elles, les spéculations du mathématicien et penseur anglais, A. Whitehead (2), il est vrai, plus philosophiques que scientifiques méritent d'être analysées. Il est très possible qu'un autre penseur anglais F. Haldane (3) ait raison en prévoyant dans un avenir prochain une transformation radicale de la physique et de ses principes, en raison de l'introduction dans sa sphère de l'étude des phénomènes de la vie.

(1) J. Lotka, *Elements of physical biology*, Balt, 1925.
(2) A. Whitehead, *Science and modern world*, Cambr, 1926.
(3) F. Haldane, *Daedalus*, L. 1926.

L'étude des phénomènes biogéochimiques, poussée le plus avant possible, nous fait pénétrer précisément dans ce domaine des manifestations connexes de la vie et de la structure physique de l'univers, et, en même temps, dans celui des futures théories scientifiques.

On s'explique le profond intérêt philosophique que présentent actuellement les problèmes biogéochimiques.

TABLE DES MATIÈRES

Fontenay-aux-Roses. — 1929.
Imp. des *Presses Universitaires de France*. — L. Bellenand. — 1.283.

www.ingramcontent.com/pod-product-compliance
Lightning Source LLC
LaVergne TN
LVHW021430170726
843501LV00005B/1273